SAR 图像判读解译基础

谷秀昌　付　琨　仇晓兰　著

U0289584

科学出版社

北京

内 容 简 介

本书系统而全面地归纳总结了 SAR 图像解译的基础知识,从遥感图像目标解译的可识别特征、电磁波基础知识、SAR 成像原理、地物特性及其与电磁波的相互作用等方面,梳理了 SAR 图像解译所需要掌握的各方面知识,并结合作者在 SAR 图像解译领域长期工作实践的经验,给出了大量的 SAR 图像解译示例。这些示例是作者长期积累和精心挑选所得,以期使读者能够直观地理解相关内容,并能很好地应用于 SAR 图像解译实践。

本书可供从事 SAR 图像解译的应用人员和技术人员,以及 SAR 领域的广大研究人员参考阅读,对 SAR 的初学者也可提供入门级的帮助,同时对其他遥感图像解译工作的相关人员也具有借鉴意义。

图书在版编目(CIP)数据

SAR 图像判读解译基础/谷秀昌,付琨,仇晓兰著.—北京:科学出版社,
2017.3

ISBN 978-7-03-052297-9

Ⅰ.①S… Ⅱ.①谷…②付…③仇… Ⅲ.①遥感图象-数字图象处理
Ⅳ.①TP751.1

中国版本图书馆 CIP 数据核字(2017)第 052996 号

责任编辑:张海娜 / 责任校对:桂伟利
责任印制:吴兆东 / 封面设计:蓝正设计

科 学 出 版 社 出版
北京东黄城根北街 16 号
邮政编码: 100717
http://www.sciencep.com

北京厚诚则铭印刷科技有限公司 印刷
科学出版社发行 各地新华书店经销

*

2017 年 3 月第 一 版 开本:720×1000 1/16
2022 年 7 月第四次印刷 印张:25 3/4 插页:8
字数:516 000
定价:180.00 元
(如有印装质量问题,我社负责调换)

前　言

合成孔径雷达(SAR)的概念诞生于 20 世纪 50 年代初期。1951 年美国 Good-year 公司的 Wiley 提出了通过频率分析改善雷达方位分辨率的方法,奠定了 SAR 的理论基础。1953 年伊利诺伊大学在实验室得到了第一张 SAR 图像。1957 年第一幅机载 SAR 图像诞生。1978 年第一颗星载 SAR(美国的 SeaSAT)发射成功。

SAR 是一种工作在微波波段的主动式遥感器,可全天时、全天候对地观测成像,并对地物有一定的穿透能力。这些特点使其在环境监测、海洋观测、资源勘察、农作物估产、森林调查、测绘和军事等方面的应用具有独特的优势,并已成为对地观测领域非常重要的遥感器。

SAR 的成像机理与可见光、红外等光学遥感器存在很大不同,使其图像与人们较熟悉的光学图像在目标几何形状、灰度特征等方面存在较大差异。例如,合成孔径成像雷达对金属目标有灵敏的探测能力,但仅对地物目标产生较强后向散射的部位在图像上形成较亮的图斑,而对后向散射弱的部位则难以形成可发现的图像,从而 SAR 图像有时难以充分显现目标的几何形状,这使得对 SAR 图像的判读解译具有较大的难度。

对于从事 SAR 图像判读解译的人员而言,只有正确地理解雷达图像,了解与 SAR 成像有关的基本概念、微波特性、成像机理、成像过程,以及成像过程中各阶段的指标参数对 SAR 图像的作用和影响,才能正确判读解译 SAR 图像中的地物与目标。

为了使 SAR 图像判读解译人员了解和掌握 SAR 图像判读目标的解译方法和技巧,准确地判明目标的性质,同时使 SAR 领域的其他技术人员及应用人员对 SAR 图像有比较好的理解,本书采用成像机理解释与图像目标判读解译相结合的方法进行叙述。本书首先介绍遥感图像判读解译中的目标识别特征,用于指导 SAR 图像的判读。接着从电磁波基础知识、雷达成像原理、地物散射特性及其与电磁波相互作用等方面进行详细的介绍,期间穿插了众多 SAR 图像判读解译的实例。最后叙述 SAR 图像判读目标判读解译的注意事项,供判读解译人员参考。

本书在撰写过程中,参考了诸多雷达成像及雷达图像分析应用的相关文章及专著,这里谨向原作者致以衷心的感谢。同时本书也得到了中国科学院电子学研究所、北京市遥感信息研究所、环境保护部卫星环境应用中心、上海交通大学、北京航空航天大学、中国电子科技集团第三十八研究所等单位的大力帮助,在此一并表示感谢。

另外,本书中需要说明的两点如下:

(1) 本书中所使用的可见光图像除加注说明外,均从数字地球公司下载。

(2) 本书中所使用的 SAR 卫星图像均为购买 TerraSAR 图像、RadarSAT 图像和国内 HJ-1C 图像,航空 SAR 图像为国内航空遥感图像和网上下载的美军 miniSAR Ku 波段高分辨率图像。

本书虽几经易稿,但因作者水平所限,书中仍难免存在疏漏之处,恳请读者不吝俯身赐正。

作　者

2016 年 11 月于北京

目　录

第1章　图像目标判读解译及目标识别特征

图像目标判读解译是遥感(一种远离目标,通过非直接接触而判定、测量并分析目标性质的技术)领域中研究各种地物或目标在图像中所表现的不同特性(如光谱特性、电磁特性等),并利用其特性区分判定地物或目标的属性、性质、状态等判断推理的全过程,是遥感领域的重要组成部分。

1.1　图像目标判读解译

图像目标判读解译是指"根据人的经验和知识,按照应用目的解释图像所具有的意义,识别目标,并定性、定量地提取出目标的形态、构造、功能等有关信息,把它们汇总在底图上的过程"。它是以图像识别、图像量测所得到的信息为基础,通过推理或归纳法,从目标物的相互联系中解释图像或提取信息的过程。航空航天图像目标判读解译是研究如何在航空航天图像上识别各种目标的一门学科,是对航空航天获取的地面目标图像进行观察、分析、测量、识别,以判定揭示其性质和状况的过程。狭义的图像判读解译有时也仅指图像识别。

图像目标判读解译通常由一些经过专门训练、人数不多的小组负责完成。他们的工作就是去研究理解一些重要的图像情报资料(如地质、林业、水力、工业、农业、灾情、军事目标等)的性质,并加以识别、核实、评价,最后作出报告。这项工作看起来很简单,但实际上,提炼图像情报资料是一件很复杂的工作,需要有广泛的知识和深厚的专业背景。图像目标判读解译的方法有目视判读解译和计算机模式识别两种。随着人工智能等技术的快速发展,计算机的判读解译能力也在不断提升,然而就目前而言,人工目视判读解译仍是目标判读解译的主要方法。在最终的分析过程中,能否从图像中发现和寻找出潜在的有用情报信息,主要依靠判读解译人员的作用。

判读解译员为了保持或提高自己的判读技术水平,必须不断努力学习,不但需要研究相关地区的政治、地理、军事、经济、社会、文化、历史、气象等方面的资料,而且必须跟踪学习当代图像判读解译方面的新发展。针对下述学科方向的知识进行学习,可有效加强判读解译人员的业务能力:农艺学、植物学、城市设计、土木工程、林业学、地理学、地质学、军事科学、物理学、海洋学和摄影测量学等。在理想的条件下,影响判读解译结果的有四个主要因素,即判读解译员所工作的成像设备情况、判读解译员所使用的解译设备、判读解译员可利用的时间,而最重要的是判读解译员本身的工作能力。

　　对成像区域所处背景的判读解译是发现目标和识别目标的基础。任何人造目标均处于自然背景的包围之中。由于电磁散射的非线性关系,背景总是或多或少地对人造目标形成干扰,影响目标的识别。因此只有充分认识背景的散射特征,才能够在图像中有效地消除背景所带来的干扰,实现对目标的有效发现和识别。

　　在背景的判读方面,主要关心地貌特征、地表植被、地形等方面。植被特征通常与被探测场景所处的海拔、纬度、观测季节等密切相关。植被(特别是乔木)的自然分布存在固定规律,而人工种植农作物的情况则更能够反映被探测区域的环境及人文情况。

1.2　图像目标判读解译识别特征

　　地物或目标在图像中所表现的不同特性(如光谱特性、电磁特性等),通常是以其在图像中所显现的形状(图案)、大小、色调(颜色、纹理)、阴影、位置、活动六个要素来体现的。这六个要素在图像目标判读解译学中称为地物或目标的识别特征,是在图像中判读解译地物或目标的基本依据。这些特征对所有地物或目标的判读都有很大作用,但对单个特定目标的判读解译来说,其作用又有主辅之分。识别特征随着地物或目标情况的变化而变化,主辅关系也随之转化。

　　地物或目标的识别特征是判读解译目标的基本依据。各个识别特征,从不同的方面反映了目标的性质和状态,因而各有不同的意义和作用。同时,这些识别特征又受到许多客观因素(如成像方法、成像时间、地物或目标所处地理位置等)的影响,会产生一定的变化。因此,准确掌握识别特征与各种因素的关系和特征本身的变化情况,对于判读解译地物或目标有很大帮助。掌握地物或目标的识别特征和正确地运用这些特征,对于确定目标性质、判明目标类型是具有决定意义的。

1.2.1　形状特征

　　形状特征是指单个地物或目标的外部轮廓在图像上表现的影像样式或多个地物或目标有规律排列而成的图案形态,是地物或目标类型和功能的一种表现形式,是图像地物或目标判读解译的重要识别特征。

　　人们在日常生活中,对于经常见到的东西,之所以能够分辨出这个是什么、那个是什么,首先是根据这些东西的外形来确定的。例如,火车和汽车,不管它们涂着什么颜色,也不管它们的体积大小,人们一见到它们,就能很自然地根据它们的外形认出来。因为物体的外形是物体性质的一种表现,它反映了物体类型和功用等方面的特性,是人们认识物体的重要依据。

　　当物体反映到航空航天图像上的时候,其形状和人们在地面上常见的物体形状不完全相同。人们在地面上所常见的主要是物体的侧面形状,而反映在航空航天图像上的地物或目标则主要是体现其顶部形状或顶部与侧面的形状(SAR 图像、可见光图像、红外图像、多光谱图像、高光谱图像等),这是因为空中成像多是以垂直成像方法进行。SAR 是倾斜成像,致使物体反映在航空航天图像上的形状发生一定程度的变化,即所成的像与物体的顶部形状不尽相同且不唯一,而是随雷达图像分辨率、波长、入射角、方位角、极化方式等诸多因素的改变而改变(见图 1-6～图 1-9),这就给图像地物与目标的判读解译工作带来了一定程度的困难。但是这种变化是可以掌握的,只要了解了各种成像因素与物体影像变形的内部联系和变形后的实际情况,从中找出规律,就可以根据地物与目标在图像中的形状来识别。

　　航空航天遥感技术已有百余年的历史,人们对可见光、红外等遥感手段获取的图像已非常了解。SAR 成像技术的发展自 1951 年 Carl Wiley 提出通过频率分析方法改善雷达方位向分辨率,从而奠定 SAR 成像理论基础算起,至今也只有几十年的历史,加上 SAR 成像原理相对复杂等原因,对 SAR 图像中地物及目标的识别还没有像其他遥感手段那样普及。在 SAR 图像中草场及牧场看上去平滑,造林后的幼树看上去像铺了天鹅绒,针叶树林看上去很粗糙;住宅区的建筑群、农田的垄、高尔夫球场的路线和绿地、果树林排列整齐的树冠等有规律的排列而形成的图案,能够相对容易地判别出目标物。

　　以下四十余幅可见光和 SAR 图像(见图 1-1～图 1-43),是不同地物和目标在不同成像方式下成像后所显现的形状特征,可用于加深对地物及目标的形状特征的理解。从图像中可以发现,SAR 图像地物和目标所显现的形状特征比可见光图像所显现的形状特征更难以理解,这就需要了解和掌握 SAR 的成像机理及成像特点。

图 1-1　不同机种飞机在可见光图像中的形状特征(一)(见文后彩图)

图 1-2 不同机型飞机在可见光图像中的形状特征(见文后彩图)

图 1-3 不同机型直升机在可见光图像中的形状特征(见文后彩图)

图 1-4　不同机种飞机在可见光图像中的形状特征(二)(见文后彩图)

多方向探测合成特征增强

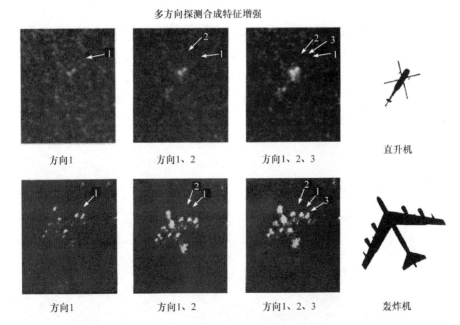

图 1-5　多探测方向合成后的飞机在 SAR 图像中的形状特征

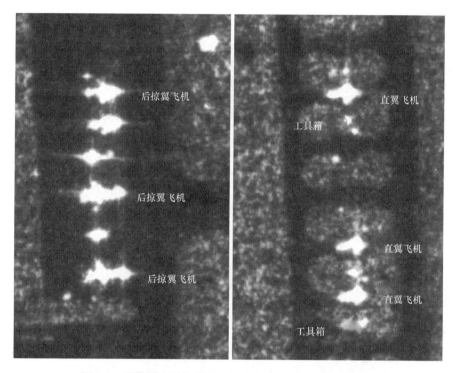

图 1-6   后掠翼飞机与直翼飞机在 SAR 图像中的形状特征

图 1-7   后掠翼飞机在 SAR 图像中的形状特征

图 1-8　民用机场在 SAR 图像中的形状特征

图 1-9　外浮顶油罐在 SAR 图像与可见光图像中的形状特征

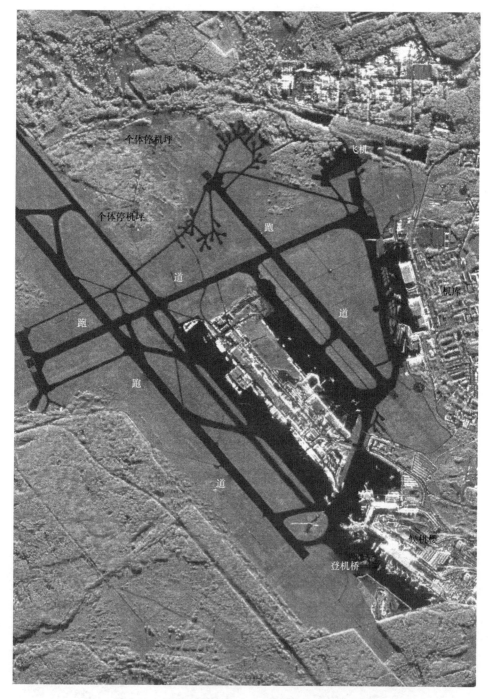

图 1-10　军、民两用机场在 SAR 图像中的形状特征

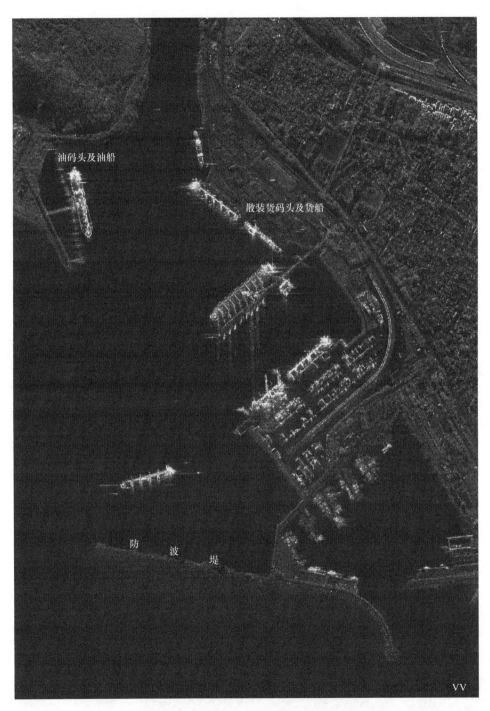

图 1-11　专用海港在 SAR 图像中的形状特征

图 1-12　不同舰船在 X SAR 图像中的形状特征

(a) 某型航空母舰及作战舰船在可见光图像中的形状特征(见文后彩图)

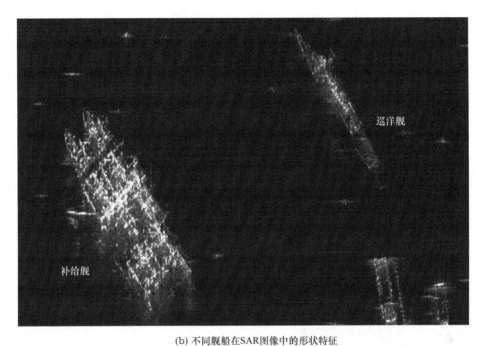

(b) 不同舰船在SAR图像中的形状特征

图 1-13　不同舰船在可见光图像及 SAR 图像中的形状特征

图 1-14　油船与液化气船在可见光图像中的形状特征(见文后彩图)

图 1-15　滚装船在可见光图像中的形状特征

图 1-16　潜艇及水面舰船在 SAR 图像中的形状特征

图 1-17　某型公路立交桥在 SAR 图像中的形状特征

图 1-18　火电厂 SAR 图像中的形状特征

图 1-19　北京南站在不同探测方向 SAR 图像中的形状特征

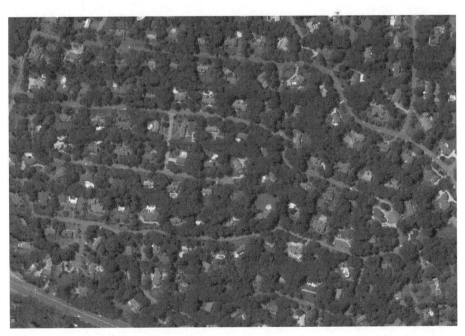

图 1-20　某发达国家住宅区在可见光图像中的形状特征(见文后彩图)

图 1-21　东欧某国际性住宅区在可见光图像中的形状特征（见文后彩图）

图 1-22　某地工厂及住宅在 SAR 图像中的形状特征

图 1-23　某地村庄建筑物及树木在 SAR 图像形状中的形状特征

图 1-24　高尔夫球场在可见光图像中的形状特征（见文后彩图）

图 1-25　高尔夫球场在 SAR 图像中的形状特征

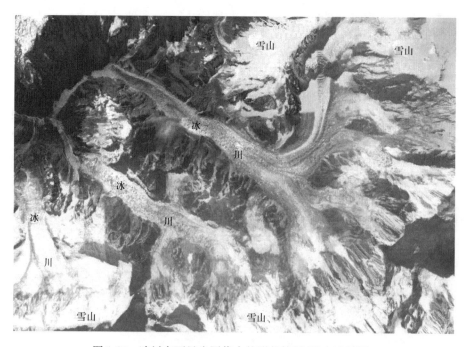

图 1-26　冰川在可见光图像中的形状特征(见文后彩图)

图 1-27　冰川在 SAR 图像中的形状特征

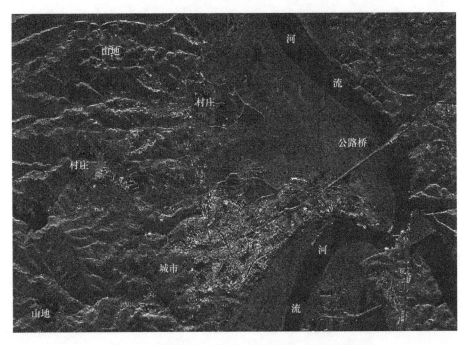

图 1-28　某地城市、村庄在 SAR 图像中的形状特征

图 1-29　葡萄园在 SAR 图像中的形状特征(见文后彩图)

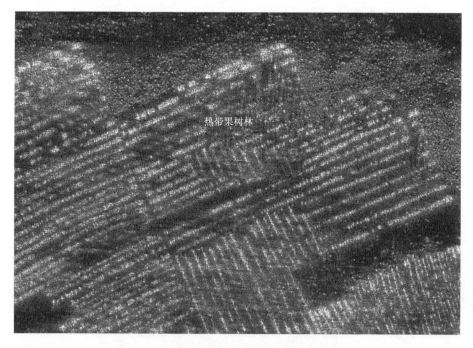

图 1-30　热带果树林在 SAR 图像中的形状特征

图 1-31　碎石场在 SAR 图像中的形状特征

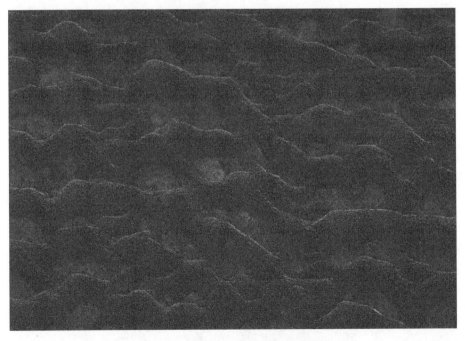

图 1-32　某地沙漠在 SAR 图像中的形状特征

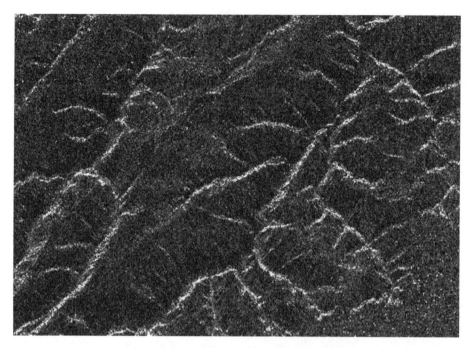

图 1-33　某地黄土高原在 SAR 图像中的形状特征

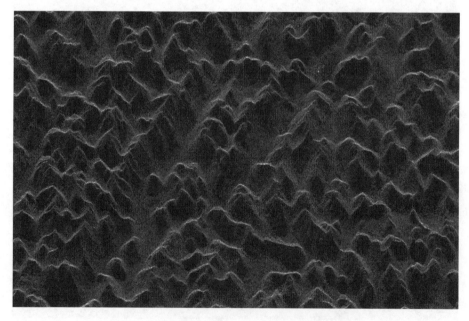

图 1-34　喀斯特地貌在 SAR 图像中的形状特征

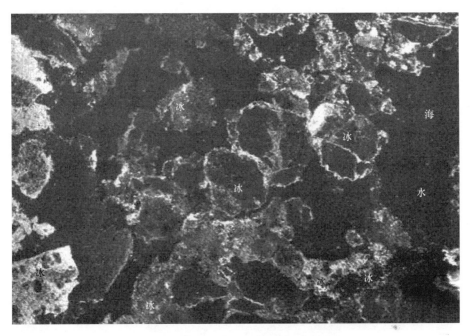

图 1-35　某地海冰在 SAR 图像中的形状特征

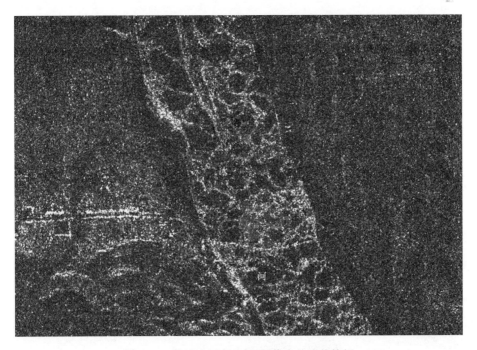

图 1-36　某地冰河在 SAR 图像中的形状特征

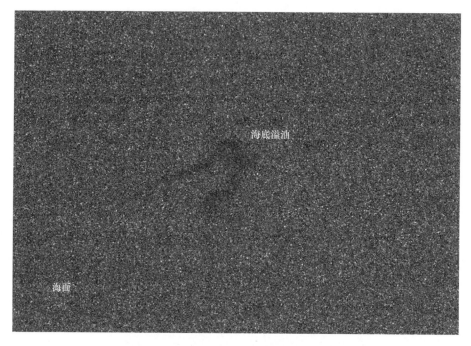

图 1-37　某地海底溢油在 SAR 图像中的形状特征

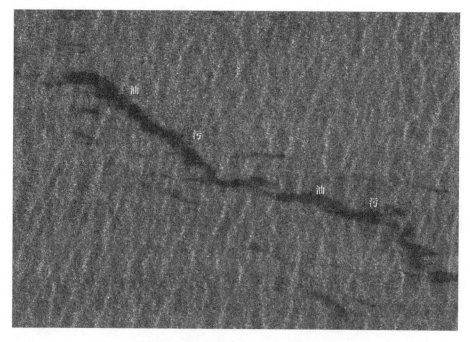

图 1-38　大型船舶排泄油污在 SAR 图像中的形状特征

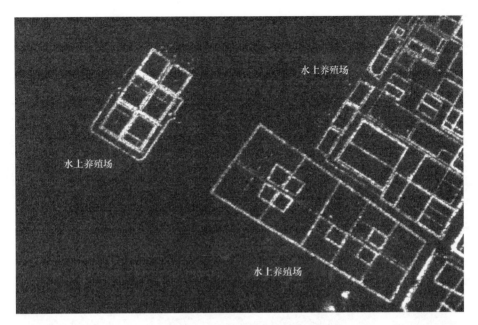

图 1-39　某地水上养殖场在 SAR 图像中的形状特征

图 1-40　高速公路立交桥在 SAR 图像中的形状特征

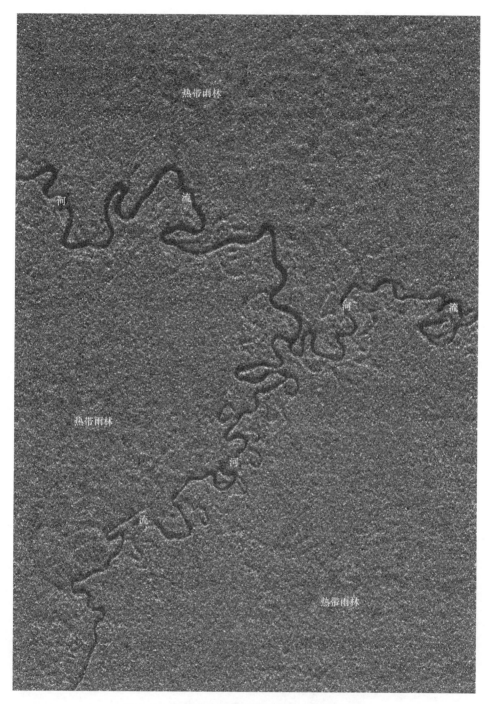

图 1-41 某热带雨林在 SAR 图像中的形状特征

图 1-42　某地二轮马车赛车场在 SAR 图像中的形状特征

图 1-43　某地二轮马车赛车场在可见光图像中的形状特征

1.2.2　大小特征

大小特征在图像判读学中是指地物或目标外形的几何尺寸(长、宽、高或直径等)。地物或目标的外形几何尺寸对判读解译有着重要的意义,它是确定目标类型和判明目标性质的重要依据之一。在航空航天图像中,有些地物或目标的外形非常相似,但外形的几何尺寸却不尽相同。而地物或目标外形几何尺寸的不同,也反映了地物或目标性质上的差别。

在航空航天遥感图像地物或目标判读解译过程中,尤其是在地物或目标的外部形状十分相似的情况下,地物或目标的外形几何尺寸差异则是区别并判定不同地物或目标的主要识别特征。

图 1-44～图 1-46 是机场停机坪上的飞机可见光图像,图 1-44 中的 2 架飞机的形状很相似,但 2 架飞机的几何尺寸却有着明显的差异,图中上面的飞机无论是机身长度还是翼展宽度都明显大于下面的飞机,这可迅速判明 2 架飞机的型别。图 1-45 中的 3 架飞机形状极其相似,但飞机的机身长度与翼展宽度则有较大差异。图 1-46 中的 7 架飞机中有三角翼飞机 6 架,但图中上面的 3 架飞机与下面的 3 架飞机的几何尺寸有较大差别。因此,可根据飞机的几何尺寸正确区分出飞机的型别。

图 1-44　不同几何尺寸飞机在可见光图像中的大小特征(一)

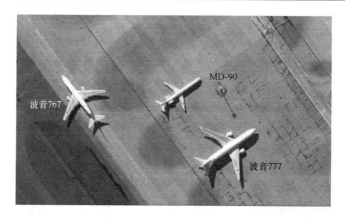

图 1-45　不同几何尺寸飞机在可见光图像中的大小特征（二）

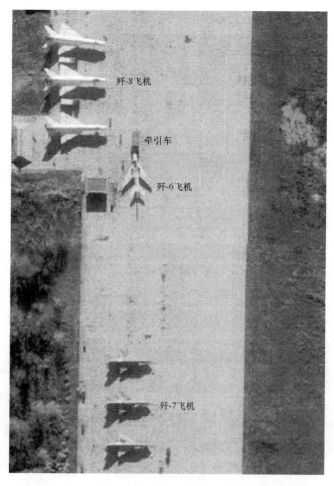

图 1-46　不同种类飞机在可见光图像中的大小特征

　　图 1-47～图 1-60 是不同地物或目标在不同成像方式下获取的遥感影像图。从图像可以发现,各种地物或目标的外形基本相似,但地物或目标的外形几何尺寸却存有一定的差异,而地物或目标的几何尺寸差异则是判明其性质及型别的主要识别依据,尤其是在判明舰船目标时更为突出。

图 1-47　不同几何尺寸油船在可见光图像中的大小特征

图 1-48　不同水面舰船在可见光图像中的大小特征(一)

图 1-49　不同水面舰船在可见光图像中的大小特征(二)

图 1-50　不同几何尺寸潜艇可见光图像特征

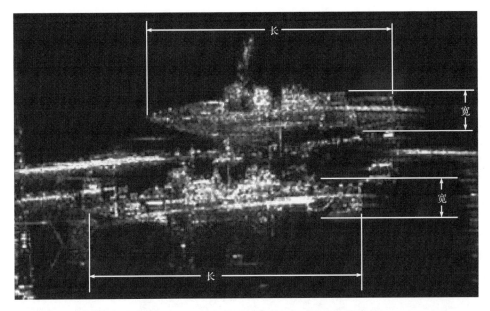

图 1-51　不同几何尺寸舰船 SAR 图像特征

图 1-52　各种车辆与人员在可见光图像中的大小特征

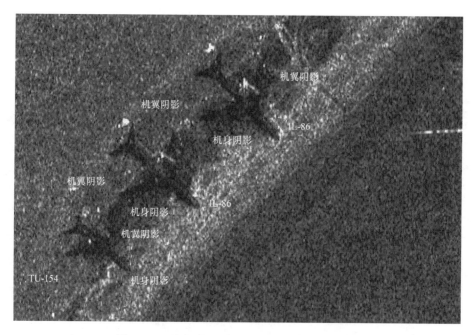

图 1-53　不同几何尺寸飞机 SAR 图像大小特征

图 1-54　不同几何尺寸客车 SAR 图像大小特征

图 1-55　不同几何尺寸建筑物 SAR 图像大小特征

图 1-56　不同几何尺寸的外浮顶油罐 SAR 图像大小特征

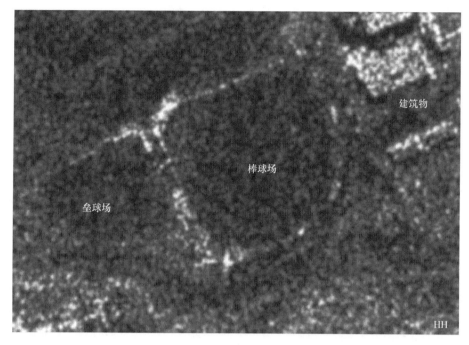

图 1-57　垒球场与棒球场 SAR 图像大小特征

图 1-58　垒球场与棒球场可见光图像大小特征

图 1-59　不同口径火炮可见光图像大小特征

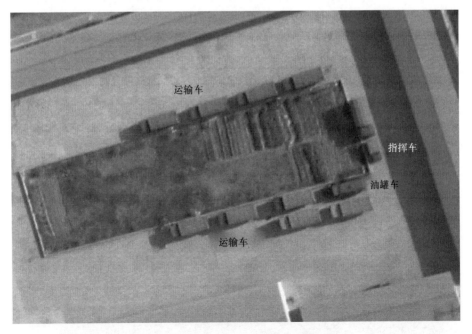

图 1-60　不同汽车可见光图像大小特征

　　图 1-61 是一幅 SAR 舰船目标图像。图像中停泊于码头的两艘舰船的外形很相似,但两艘舰船的舰长、舰宽却有较大的区别,而根据这一差别可以准确判明两艘舰船的舰种和舰型。图 1-62 是不同几何尺寸的舰船在 SAR 图像中的大小特征。

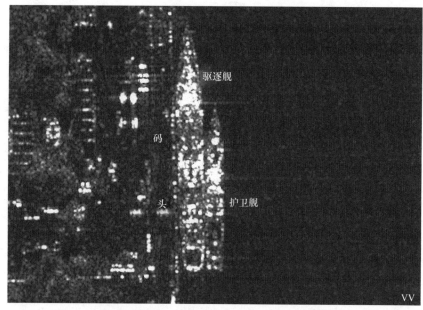

图 1-61　不同水面舰船在 SAR 图像中的大小特征

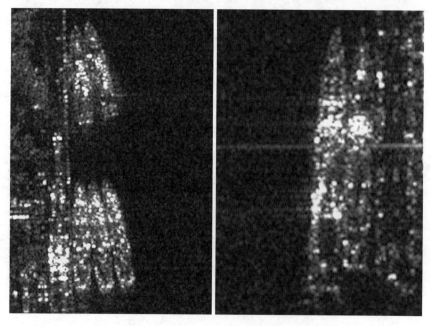

图 1-62　不同几何尺寸舰船 SAR 图像大小特征

1.2.3　阴影特征

物体受光线照射,其表面上向光的部分称为"阳面",背光的部分称为"阴面"。由于其他地物或物体本身的其他部分遮住了光线而在阳面上产生的阴暗部分,称为"影子"(有时也包括地面上的影子)。阴面(本影)和影子(射影)合称"阴影"(本影是物体表面得不到直射光线的黑暗部位,见图 1-63 可见光图像阴影示意图、图 1-64 SAR 图像阴影示意图),在图像判读学中称为目标阴影特征。

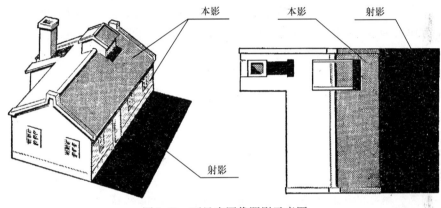

图 1-63　可见光图像阴影示意图

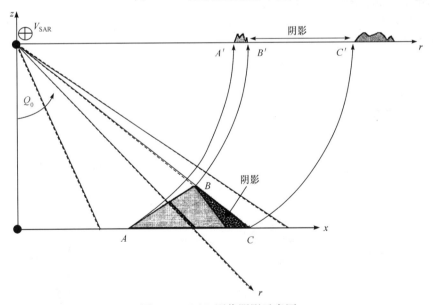

图 1-64　SAR 图像阴影示意图

在可见光图像中,地物与目标的阴影和边缘较易区分,且当地物与目标位于太阳赤纬以北时,其一年四季的阴影朝向西北(上午)或东北(下午),当地物与目标位于太阳赤纬以南时,其一年四季的阴影朝向西南(上午)或东南(下午);在雷达成像中有些地物与目标的阴影则难与地物与目标的边缘区分,如平顶的建筑物等(见图 1-78),且地物与目标的阴影方向是随雷达入射波的方向变化而变动的;在红外图像中,地物与目标的阴影特征远不如可见光图像和雷达图像,尤其是当地物与目标的温度与阴影内的地物与目标温度差较小时,则更难区分。

　　阴影特征是判读解译目标的重要依据之一。在航空航天图像中所反映的目标形状,主要是目标的顶部形状,只有阴影才能把目标的侧面形状反映出来,因此利用阴影来判读解译目标就比较容易。同时阴影本身也具有形状、大小、色调和方向四个方面的因素,运用这些因素,就能够在图像上判明目标的侧面形状,测量目标的高度以及判定图像的实地方位,尤其是对于区分图像中顶部形状近似而侧面形状不同的目标,更有其独特的作用。

　　当判读解译存在于山脉等阴影中的树木及建筑物时,阴影的存在会给判读者造成麻烦,往往会使目标丢失。但另一方面,在图像目标判读解译时,利用阴影可以了解铁塔及桥、高层建筑物等的高度及结构。

　　图 1-65 是一幅过河铁路大桥的冬季可见光图像,河流已结冰,并被大雪覆盖。从图像中大桥的阴影可以准确地判明大桥的跨度、结构及高度。图 1-66～图 1-68是一幅高分辨率的可见光飞机图像,通过机翼的阴影很容易看出飞机的机翼翼尖是向上折起的。图 1-69 是某型雷达天线阵阴影可见光图像特征。同理,在图 1-70中,可从油罐内、外壁的阴影判断出油罐 1 现储油量最多,而油罐 4 现储油量最少,油罐 2 现储油量多于油罐 3 现储油量。图 1-71 和图 1-72 是坦克炮管阴影可见光图像特征、山丘及树林阴影 SAR 图像特征。

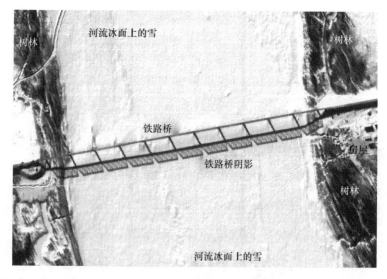

图 1-65　上承式铁路桥阴影可见光图像特征

图 1-66　飞机机身及机翼阴影可见光图像特征(一)

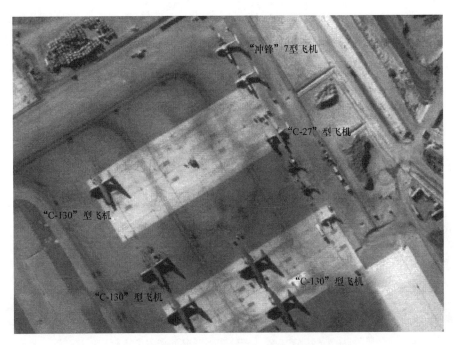

图 1-67　飞机机身及机翼阴影可见光图像特征(二)

图 1-68 飞机机身及机翼尖阴影可见光图像特征

图 1-69 某型雷达天线阵阴影可见光图像特征

图 1-70　外浮顶油罐阴影可见光图像特征

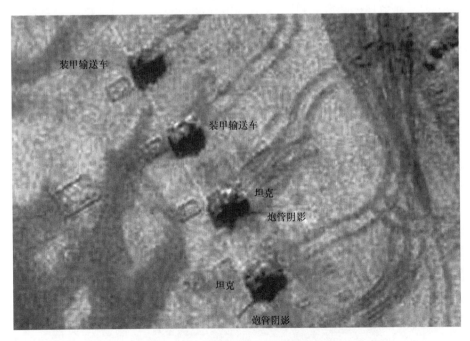

图 1-71　坦克炮管阴影可见光图像特征

图 1-72　山丘及树林阴影 SAR 图像特征

　　图 1-73 是一幅 SAR 图像,从图像中的树木的阴影 1 与阴影 2 的形状不同可以判断出,阴影 1 的树种与阴影 2 的树种是不同的。阴影 1 是一种杨树的阴影,而阴影 2 是一种柳树的阴影,因其树冠不同形成的阴影也不相同。图 1-74～图 1-76 是几幅树林及独立树的 SAR 图像。图 1-77 和图 1-78 是高层建筑及树林阴影、建筑物阴影的 SAR 图像特征。

图 1-73　不同树种阴影 SAR 图像特征(一)

图 1-74　不同树种阴影 SAR 图像特征(二)

图 1-75　不同树种独立树阴影 SAR 图像特征

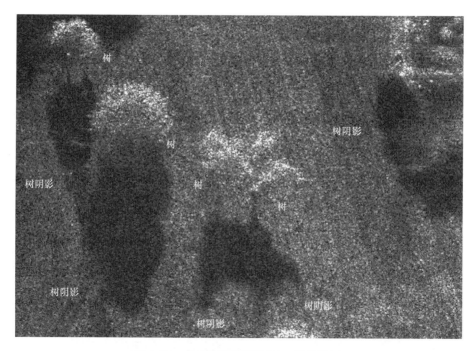

图 1-76　山丘及树林阴影 SAR 图像特征

图 1-77　高层建筑及树林阴影 SAR 图像特征

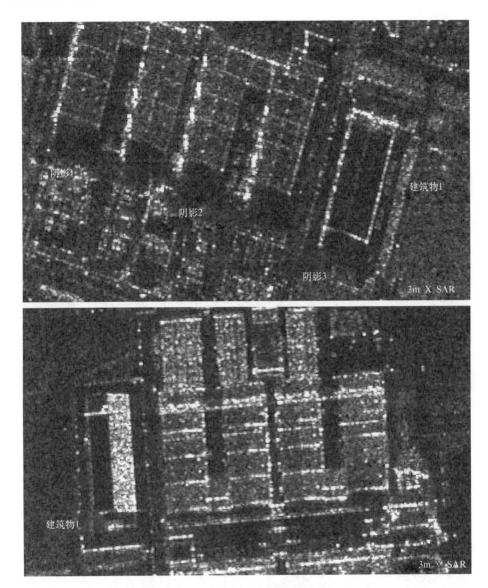

图 1-78　建筑物阴影 SAR 图像特征

　　图 1-79、图 1-80 是两幅高分辨率 SAR 图像,从图像中的强反射回波图像难于判明该目标是停放于草地上的飞机,但通过机翼及机身的阴影图像可判定是一架四台发动机和两台发动机的飞机。图 1-81～图 1-86 是几幅不同目标和地物的 SAR 图像,从图像中可发现目标与地物的阴影在判读解译中的作用。

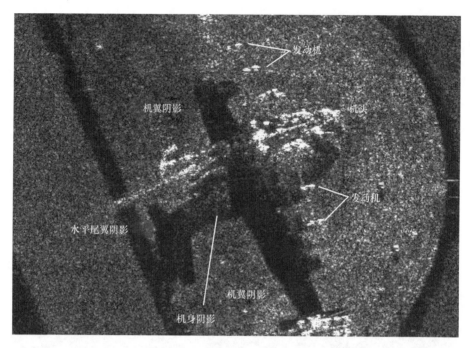

图 1-79　飞机机身及机翼阴影 SAR 图像特征(一)

图 1-80　飞机机身及机翼阴影 SAR 图像特征(二)

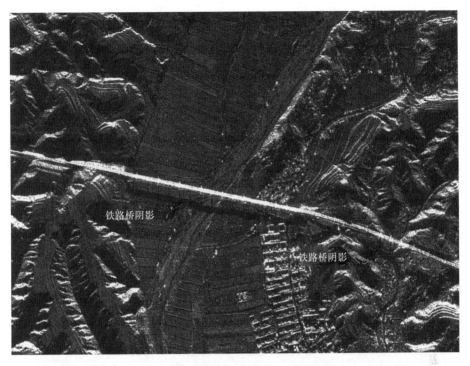

图 1-81　铁路桥阴影 SAR 图像特征

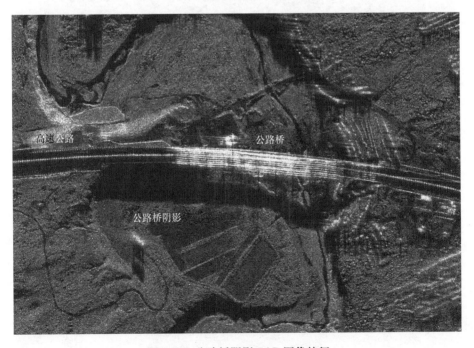

图 1-82　公路桥阴影 SAR 图像特征

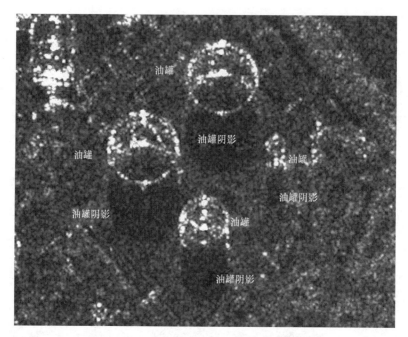

图 1-83　不同直径外浮顶油罐阴影 SAR 图像特征

图 1-84　建筑物阴影 SAR 图像特征

图 1-85　火电厂冷却塔阴影 SAR 图像特征(一)

图 1-86　火电厂冷却塔阴影 SAR 图像特征(二)

1.2.4　色调特征(颜色特征)

地面物体的颜色是多种多样的,这些不同颜色反映在不同的图像上有不同的情况。反映在黑白图像上,就变成了深浅不同的黑度,目标物按照其反射率而呈现出白—灰—黑的密度变化,从白到黑的密度比例称为色调(也称为灰度)。反映在彩色和彩色光谱段图像上,则呈现出具有彩色的影像,在这两种图像上,这一特征称为颜色特征,此时色调特征为颜色特征所代替。雷达图像一般情况下是灰度图像,地物与目标的色调主要取决于地物与目标的粗糙度、含水量、材质与结构,其色调与入射雷达波的波长、极化方式、入射角、方位角等因素密切相关,是随以上诸因素的变化而变化的。

色调特征(颜色特征)不仅能够帮助人们分辨目标,还能够显现出某些目标的性质,如图 1-87 所示。例如,在同一幅可见光图像上,水泥混凝质机场跑道比沥青混凝质机场跑道色调要浅(见图 1-88、图 1-89),针叶树的色调比阔叶树要深,等等。但在 SAR 图像中,水泥混凝质机场跑道比沥青混凝质机场跑道色调要深,呈与可见光图像相反的色调特征;针叶树的色调比阔叶树的色调要深。其他图例见图 1-90～图 1-93。

图 1-87　不同树种可见光图像色调特征

图 1-88　雪地与树林可见光图像色调特征

图 1-89　不同质地机场跑道与滑行道可见光图像色调特征

图 1-90　不同质地机场跑道与滑行道可见光图像颜色特征（见文后彩图）

　　目标与地物往往可以从色调特征显示出它的性质，同时，根据色调特征还能揭露目标的某些伪装情况（见图 1-94、图 1-95）。例如，对一个用伪装网伪装的目标，用不同的感光材料（模拟信号图像的全色片、红外片等）抽照，然后将这些照片进行分析对比，就可以看出由于感光材料的性能不同，伪装目标反映在这些照片上的色调也不同，从这些不同色调的对比中，就可以揭露目标的伪装，从而达到判明目标性质的目的。例如，同样为海滩的沙子，干的沙子拍出来色调发白，而湿沙则色调发黑。在红外图像上，昼间时分摄取的水域图像是黑色的，而植被则发白。在彩色图像中，森林及农作物看上去同为绿色，但由于其颜色的细小差别仍然能判别出树种及作物的种类（见图 1-96、图 1-97）。彩色红外图像及假彩色图像通过选择特殊处理可以表示出特殊的颜色，所以可容易地识别出特定的目标物（见图 1-98）。

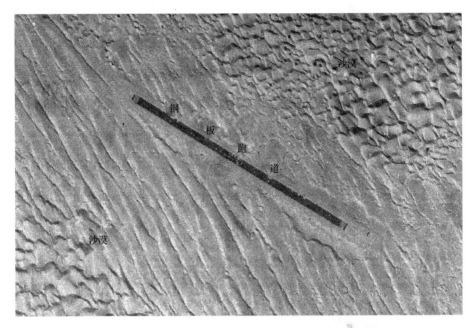

图 1-91　钢板跑道机场可见光图像色调特征

图 1-92　不同质地机场跑道与滑行道 SAR 图像色调特征

图 1-93　小型火车站 SAR 图像色调特征

图 1-94　伪装目标可见光图像色调特征

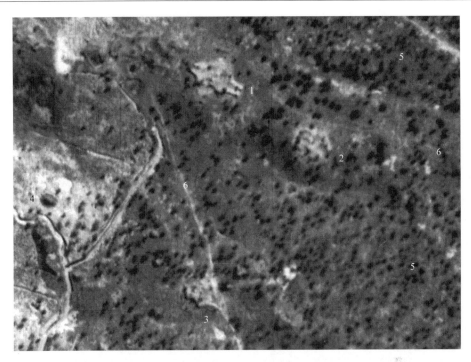

图 1-95　伪装火炮阵地红外图像色调特征
1～3. 水平遮障伪装的炮兵掩体；4. 水平遮障伪装的汽车；5. 树林；6. 小路

图 1-96　不同树种、铁路、公路及运输汽车可见光图像颜色特征(见文后彩图)

图 1-97　秋季不同农居可见光图像颜色特征（见文后彩图）

图 1-98　建筑物屋顶及植被彩红外图像颜色特征（见文后彩图）

图 1-99、图 1-100 是我国华北某地 8 月中下旬 SAR 农田图像。图像中有呈不同色调的植被目标,杨树林、核桃树色调最浅,玉米田次之,花生田最暗。

图 1-99　不同农作物 SAR 图像色调特征

图 1-100　不同农作物 SAR 图像色调特征

　　图 1-101 是一幅热红外图像,图像中的浅色调代表地表温度高,深色调代表地表温度低。图像中呈浅灰色的区域中,有很多呈黑色调的不规则的线段,说明在这一区域中存有较大的温度差异。在同时段,造成地表温度差异的原因是地下水上升的多少而成的,地下水上升多的地段温度低,地下水上升少的地段温度高,从而可以推断出这一区域存有大量的断层或线性节理结构。

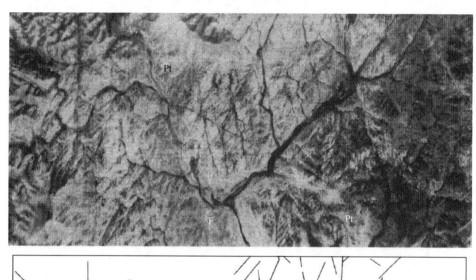

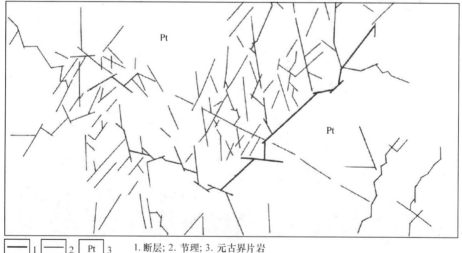

　　　　　　1.断层; 2.节理; 3.元古界片岩

图 1-101　断层与节理夜间热红外图像及解译图
成像时间 1980.7.8 02:15 内蒙古狼山

　　图 1-102 是一幅热红外图像。在风沙较大的河套地区,流沙覆盖区多与浅层地下水有关,潮湿的地表使流沙滞留,图像中呈浅色调显示。野外验证结果证实了断层 F_1-F_1、F_2-F_2、F_3-F_3 和 F_4-F_4 的存在,该线性结构的地区性下水上升得多,使

流沙滞留而出现的这一现象。

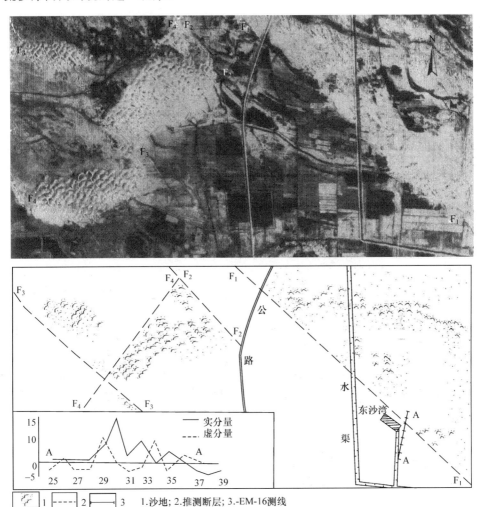

图 1-102　断层与节理昼间热红外图像及解译图

成像时间 1980.6.16 14:30 内蒙古河套

图 1-103 也是一幅热红外图像。图像中有三条交叉走向不同的呈黑色的水渠,但水渠边缘有呈不规则的深灰色调的地段,可以看出其地表温度高于水渠温度但又低于周围大片地域的温度。根据这一温度差异可推测出水渠有渗漏现象。

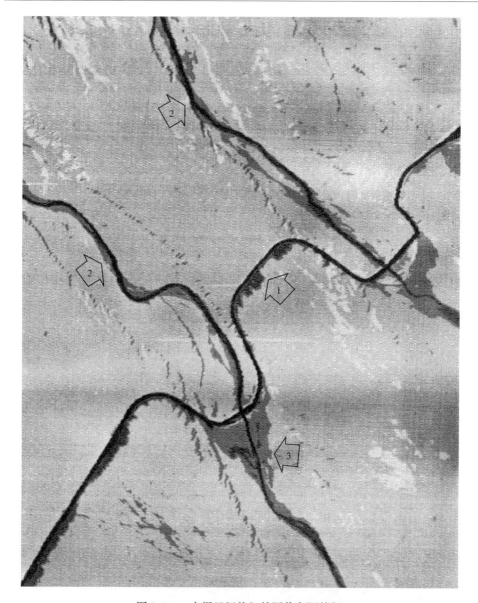

图 1-103　水渠昼间热红外图像色调特征

成像时间 1979.9 白天

1. 引水渠和局部渗漏；2. 流水冲沟；3. 水渠渗漏引起的冷异常

　　图 1-104 和图 1-105 是不同地物和目标的 SAR 图像。从图像中可看出，不同地物和目标在 SAR 图像呈现出不同的色调，既有相同点又有相异点，可见 SAR 图像中地物及目标的色调与可见光图像中相同地物及目标的表现形式是有区别的。其他图例见图 1-106～图 1-113。

图 1-104　不同生长期农作物 SAR 图像色调特征

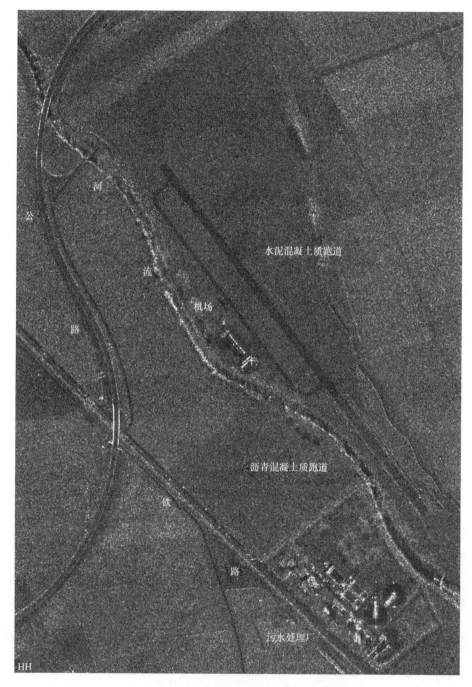

图 1-105　　机场跑道、铁路、公路 SAR 图像色调特征

图 1-106　某断层与节理 SAR 图像色调特征

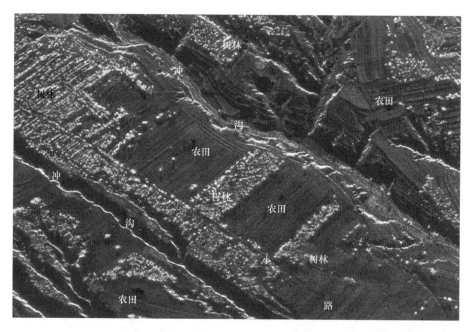

图 1-107   农田及林地 SAR 图像色调特征

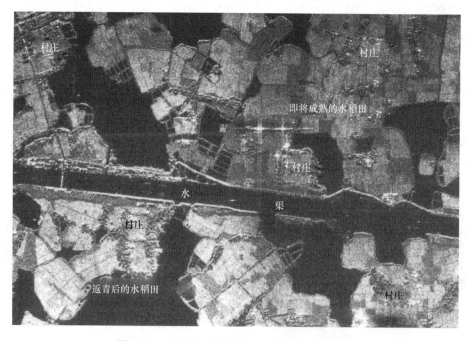

图 1-108   不同生长期稻田 SAR 图像色调特征

图 1-109 农田、林地及小路 SAR 图像色调特征

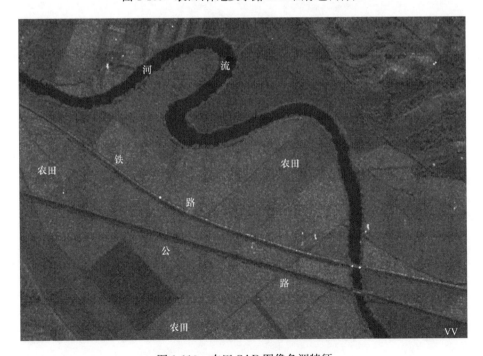

图 1-110 农田 SAR 图像色调特征

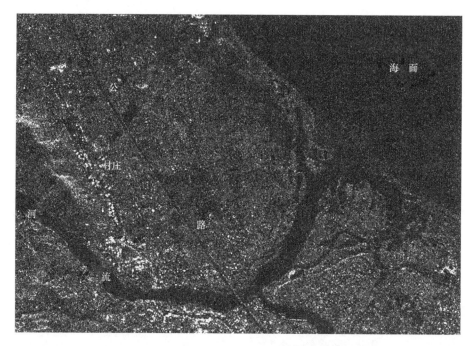

图 1-111　水面、公路与村庄 SAR 图像色调特征

图 1-112　不同极化方式成像后的喷水浇灌农田色调差异 SAR 图像色调特征

图 1-113　铁路色调差异 SAR 图像色调特征

1.2.5　位置特征(目标与周围的关系)

地面上一切物体的存在,必然有它存在的位置,它与周围其他事物也会发生一定的联系。地面物体的这种关系位置,同样也反映了物体的性质,这种关系位置称为位置特征。所以位置特征就成为在航空航天图像上判读目标的依据之一。

在航空航天图像上判读解译目标时,不但要从目标和地物的形状、大小、阴影、色调等特征来区分目标和地物,同时应该注意地物与目标之间的相关性,从目标之间的联系中分析判断目标与地物存在的合理性和必要性,以判定目标与地物的性质。位置特征不一定对所有目标的判读解译都具有意义,但对某些目标,尤其是对组合目标内的单个目标判读时,作用很大。组合目标是由若干个单个目标组成的。对组合目标的判读解译,不仅要判读解译出是什么目标,而且要深入地判读解译出其中的各单个目标,而各单个目标,又是根据本身的作用和组合目标的性质,按照一定的配置原则进行布置的。所以各单个目标之间是按一定的相关性而存在或进行布置的,而非孤立存在,彼此互相联系又互相影响。

了解目标与地物的配置与布置原则及要求,掌握目标与地物之间的关系位置特点,再结合目标的其他识别特征,就能比较准确地判明各单个目标。例如,飞机场是由跑道、滑行道、停机坪、油库、航管指挥设施、导航设施、气象台、候机设施及停车场等许多单个目标组成的,而军用机场一般还配置有弹药库。这些单个目标根据不同的作用,相互之间是按一定的关系、作用而配置的:如滑行道多与跑道平行;停机坪多与滑行道相通且位于滑行道外侧;为了安全,油库、弹药库则远离跑道；为了便于指挥或航行调度，航管指挥设施、气象台多位于跑道中部；导航设施多位于跑道两端延长线 1km 至数千米处及跑道两端外侧；候机设施及停车场等设施，多位于跑道中部且与主要道路相通等（见图 1-114 和图 1-115）。根据这些单个目标之间的关系位置，结合目标的其他识别特征，就能比较准确地判明机场内的各单个目标。

图 1-114　民用机场组成及相关位置可见光图像位置特征（一）

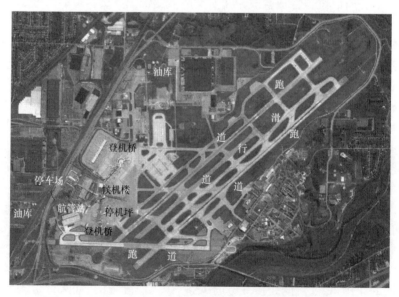

图 1-115　民用机场组成及相关位置可见光图像位置特征（二）

　　所以在判读解译组合目标时,只有了解单个目标的配置与布置原则,掌握目标间的关系位置,才能够在这些相互联系的目标中,根据一个或几个目标的存在,推断出另一个或另几个目标的必然存在。例如,判读火车站时,数量众多的铁道线是照片上容易发现的目标,当判明了铁道线后,就可以根据目标间一定的关系位置,判断出特征不明显的站台、站房和道岔等目标(见图 1-116 和图 1-117)。

图 1-116　火车站可见光图像位置特征

图 1-117　铁路编组站 SAR 图像位置特征

　　图 1-118～图 1-138 是较为典型的组合目标的可见光或 SAR 图像,可从不同目标之间的联系与布置特点(如飞机制造厂的跑道与大型厂房、汽车制造厂的试车道与大型厂房、发达国家的大型超市四周多建有面积较大的停车场等)、所处的位置(如造船多位于河流、湖、海的岸边,水电站均位于江、河、湖、海上)等识别特征,对地物与目标进行判读解译。

图 1-118　飞机制造厂可见光图像位置特征(一)

图 1-119　飞机制造厂可见光图像位置特征(二)

图 1-120　汽车制造厂可见光图像位置特征(一)

图 1-121　汽车制造厂 SAR 图像位置特征

图 1-122　电解铝厂 SAR 图像位置特征

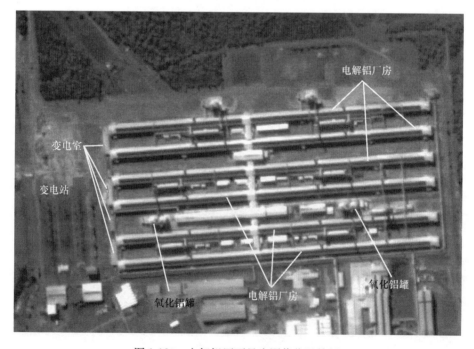

图 1-123　电解铝厂可见光图像位置特征

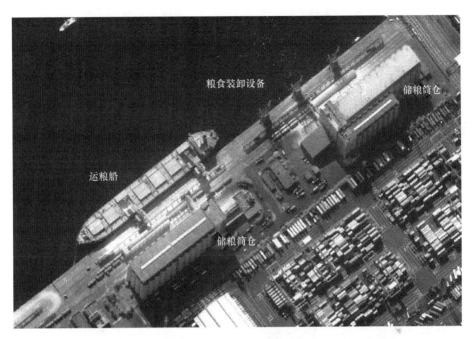

图 1-124 粮食码头可见光图像位置特征

图 1-125 核潜艇基地可见光图像位置特征

图 1-126 造船厂可见光图像位置特征(一)

图 1-127 汽车制造厂可见光图像位置特征(二)

图 1-128　坦克制造厂可见光图像位置特征

图 1-129　造船厂可见光图像位置特征(二)

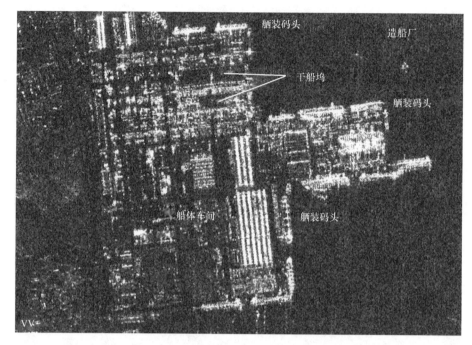

图 1-130　造船厂可见光图像位置特征(三)

图 1-131　造船厂可见光图像位置特征(四)

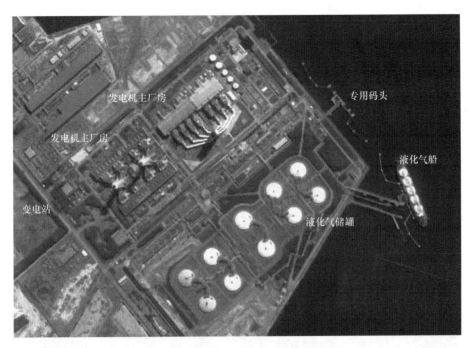

图 1-132　火电厂可见光图像位置特征

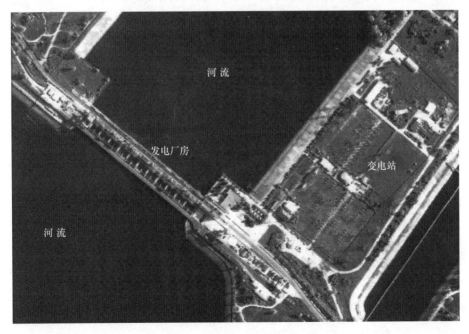

图 1-133　水电站可见光图像位置特征

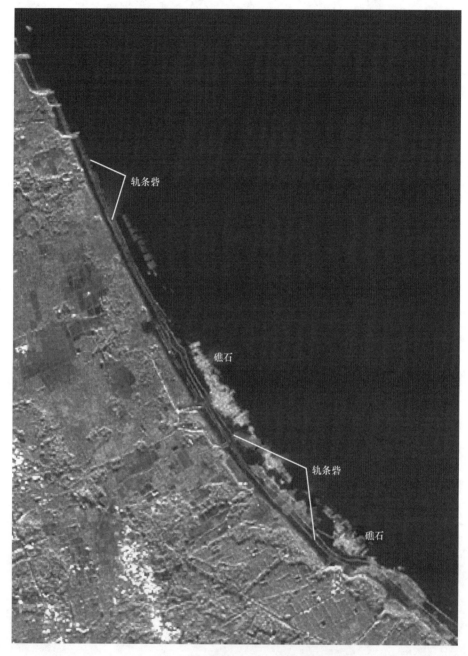

轨条砦

礁石

轨条砦

礁石

图 1-134　抗登陆轨条砦 SAR 图像位置特征

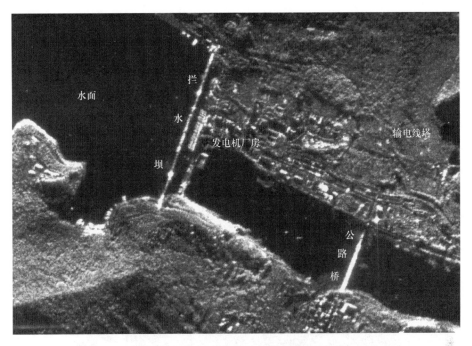

图 1-135　水电站 SAR 图像位置特征(一)

图 1-136　水电站 SAR 图像位置特征(二)

图 1-137　大型购物中心 SAR 图像位置特征

图 1-138　大型购物中心可见光图像位置特征

1.2.6　活动特征

活动特征是指由于目标运动或活动而引起的各种征候。因为任何目标只要有活动,就会产生活动的征候,而这些征候都与目标性质有着一定的联系。一般来说,什么样的活动征候,代表着什么样的目标性质。因此,只要当目标的活动征候能够在航空航天图像上反映出来,就可以根据这种征候判断出某些目标的性质和情况。因此,当我们掌握了每一种活动征候与目标本身的联系,了解了这种现象与目标性质的关系以后,就能够通过其现象,判明目标的性质。

由于目标的活动痕迹能够暴露出目标的性质,因此,根据目标的活动征候,在航空航天图像上识别某些活动目标,就具有重要作用,特别是对于被伪装、荫蔽了的目标和外貌特征不明显的目标,活动特征的意义就显得更为重要。例如,当坦克以某种方法伪装以后,坦克的外貌特征可能改变成与某些地物相似的形状(如草堆、灌木丛等),有时甚至完全被荫蔽。但是坦克在行驶后必然会在地面留下履带痕迹(见图 1-139、图 1-140),这种痕迹就能成为判明坦克的重要依据。同时,根据痕迹的通向,还能判断出坦克所在的位置。其他图例见图 1-141～图 1-153。

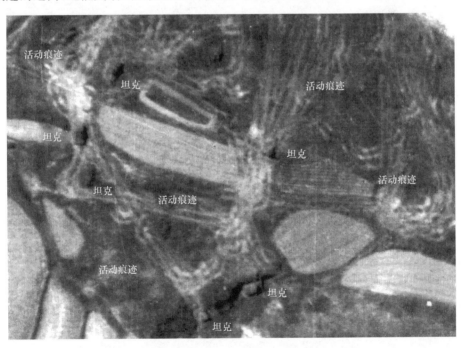

图 1-139　疏散荫蔽的坦克活动痕迹可见光图像特征

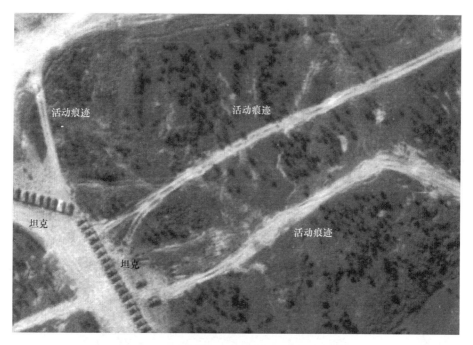

图 1-140　集结坦克活动痕迹可见光图像特征

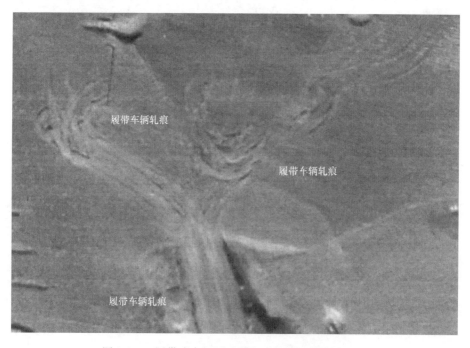

图 1-141　履带式车辆活动痕迹可见光图像特征(一)

图 1-142　履带式车辆活动痕迹可见光图像特征(二)

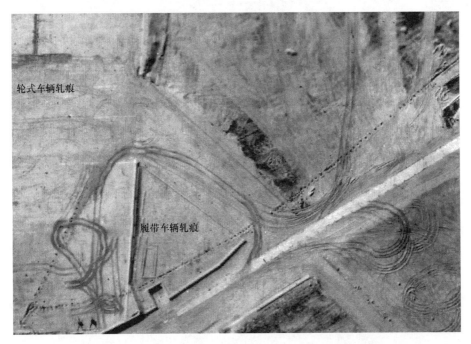

图 1-143　轮式车辆与履带式车辆活动痕迹可见光图像特征

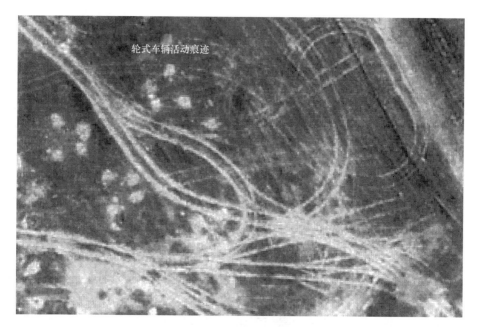

图 1-144　轮式车辆活动痕迹可见光图像特征

图 1-145　轮式车辆与履带式车辆活动痕迹高光谱图像特征(见文后彩图)

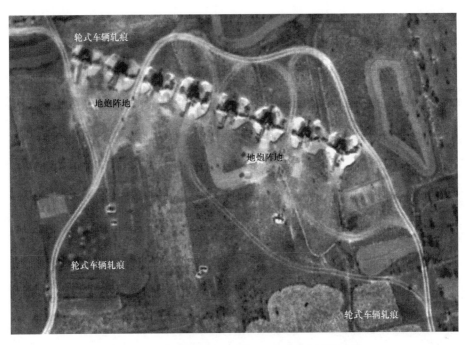

图 1-146　牵引火炮阵地车辆活动可见光图像特征

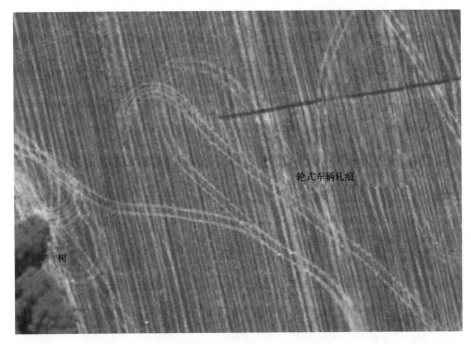

图 1-147　轮式车辆活动痕迹彩红外图像特征(见文后彩图)

图 1-148　机场跑道飞机经常起降方向可见光图像特征

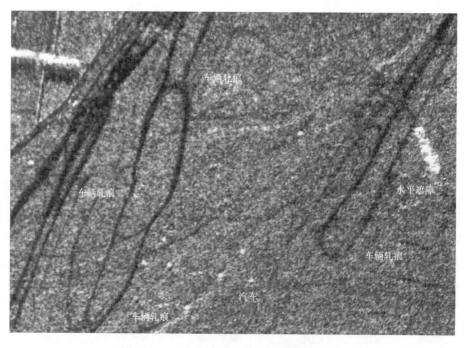

图 1-149　车辆活动痕迹 SAR 图像特征(一)

图 1-150　车辆活动痕迹 SAR 图像特征（二）

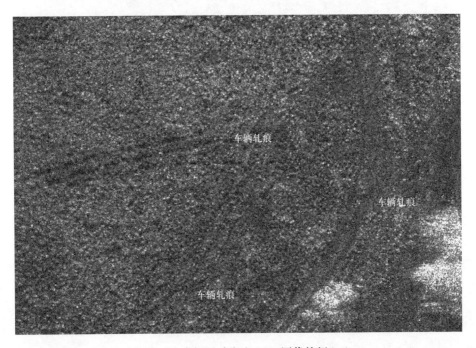

图 1-151　车辆活动痕迹 SAR 图像特征（三）

图 1-152　车辆活动痕迹 SAR 图像特征(四)

图 1-153　大风过后杨树林痕迹 SAR 图像特征

1.3　小　　结

　　图像判读学将地物与目标的识别特征规范为:形状、大小、色调、阴影、位置和活动六个方面。此六大识别特征是以光学图像(灰度图像)为基础总结提出的,图像中地物与目标的六大识别特征是地物与目标判读解译(发现、识别、确认)的基本依据。

　　地物与目标的识别特征之间既有区别又有联系,它们从不同的方面反映了地物与目标的性质。在进行地物与目标判读解译时,应充分利用地物与目标在图像中所显现的各识别特征。但是,对每一个地物与目标,六大识别特征的作用又有着主要与辅助的区别。所以在判读与解译某一地物与目标时,在不同的判读与解译条件下,应抓住地物与目标的主要识别特征,充分利用其他辅助识别特征,判明地物与目标的性质、状态、数量等要素。

第 2 章　电磁波基础知识

电磁波是空间传播着的交变电磁场,是能量的一种动态形式,在自然界中以"场"的形式存在,只有与物质相互作用时才能表现出来。电磁波理论是遥感的重要物理基础。

合成孔径雷达工作在电磁波谱中可见光与热红外谱段之外的微波波段(1mm～1m 范围的电磁波),其所使用的频谱范围通常在 1～100cm。合成孔径成像雷达凭借主动工作模式,无须依赖太阳光源,可以全天时、全天候地获取地物信息,昼夜成像。频率低于 S 波段的微波谱段,可以避免来自云、雾、雨、尘等物质的影响,而 S 波段、C 波段和 X 波段的星载 SAR 系统也可以在有云雾覆盖和降雨的情况下进行成像。SAR 不依赖于光照和天气的成像特点,使其具有不同于光学传感器的独特优势,尤其是微波具有一定的穿透性,可对地下某些地物成像。

对合成孔径雷达图像应用者而言,为了在雷达图像中熟练地识别各类目标,首先应了解并熟练掌握与雷达成像密切相关的一些电磁波基础知识,包括微波的极化、传播方式等。本章将 SAR 图像判读解译所需应用的电磁波基础知识进行了总结和整理。

2.1　电　磁　波

2.1.1　电磁波的概念

电磁波是在真空或介质中通过传播电磁场的振动而传输电磁能量的波。电磁波的传输可以从麦克斯韦方程式中推导出。

电磁波是能量的一种形式,它只有与物质相互作用时才表现出来。电磁场中的电场和磁场相互联系,成为电磁场不可分割的两部分。因此,只要已知其中一种场(电场或磁场),就能根据麦克斯韦方程求得另一种场。在微波遥感中,通常总是使用电场分量,电磁波的变化包括幅度、相位、频率和极化。

2.1.2　电磁波的波动性和粒子性

1. 波动性质

电磁波是一种伴随电场和磁场的横波,平面波(见图 2-1)情况下,电场和磁场的振动方向都是在与波的行进方向垂直的平面内。电磁波的波长 λ 和频率 ν 及速度 υ 之间有如下关系:

$$\lambda = v / \nu$$

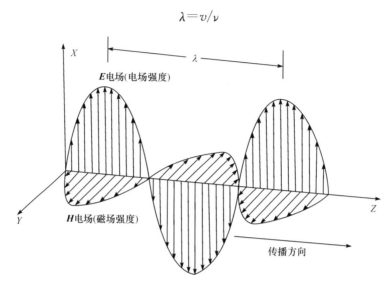

图 2-1　电场、磁场和传播方向

电磁波在真空中以光速 $C(2.99792458 \times 10^8 \text{m/s})$ 传播，在大气中以接近于真空中光速的速度传播。频率 ν 是 1s 内传播的波的次数，用赫兹(Hz)作单位。

电磁波是以波动形式在空间传播并传递电磁能量的交变电磁场，是光波、热辐射、微波、无线电波等由振源发出的电磁振荡在空间的传播。在垂直于电磁波传播方向的平面上，分别有两个互相垂直的变量，即电场强度 E 和磁场强度 H(见图 2-1)。

2. 粒子性质

当把电磁波作为粒子对待时，又叫光子(photon)或光量子，其能量 E 由下式给出：

$$E = h\nu$$

式中，h 为普朗克常数；ν 为振动频率。例如，光电效应就可以把电磁波看成粒子进行说明。

电磁波有 4 个要素，即频率(或波长)、传播方向、振幅及偏振面。振幅表示电场振动的强度，振幅的平方与电磁波具有的能量大小成正比。从目标物体中辐射的电磁波的能量称为辐射能，包含电场方向的平面叫偏振面。

这 4 个量与电磁波信息的对应，可以表示成图 2-2。频率(或波长)对应于可见光领域中目标的颜色，包含了与目标体有关的丰富的信息。在各个波长中表示目标体辐射能量大小的曲线具有该物体固有的形状。在微波领域，根据目标和飞行平台的相对运动，利用频率上表现的多普勒效应可以得到地表物体的信息。物体的空间配置及形状等，可以根据电磁波传播的直线性从传播方向上知道。此外也可以从电磁波的强度即振幅中得知。当电磁波反射或散射的时候,偏振的状态往往发生变化,此时,电磁波与反射面及散射体的几何形状发生关系。偏振面对于微波雷达是非常重要的,因为从水平偏振和垂直偏振中得到的图像是不同的。

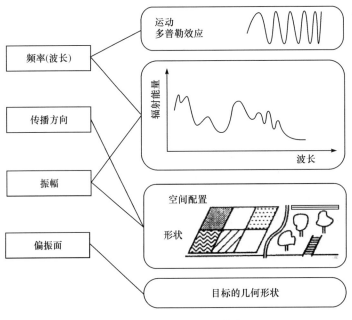

图 2-2　电磁波具有的信息

2.2　电磁波谱

由于产生电磁波的波源不同,如电磁振荡,晶格或分子的热运动,晶体、分子或原子内的电子能级跃迁,原子核的振动与转动,内层电子的能级跃迁、原子核内的能级跃迁等,因此电磁波的波长变化的范围很大,主要应用部分约跨 18 个数量级,从 $10^{-11} \sim 10^6$ cm。但波长不同的电磁波,它们在真空中的传播速度 C 都是相等的,如下所示:

$$C = f\lambda$$

式中,f 为电磁波频率;λ 为电磁波波长。可知波长与频率成反比关系,波长长的频率低,波长短的频率高。

2.2.1　电磁波谱的概念

将电磁波按波长(或频率)的大小顺序依次排列成图表,称此图表为电磁波谱(见图 2-3)。

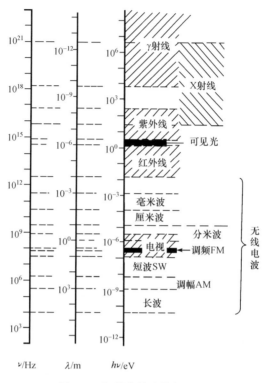

图 2-3　电磁波谱及其应用图

根据国际电信联盟(ITU)正式通过的国际上通用的符号,频率为 30～300Hz、波长为 10^4～10^3km 称超低频(SLF)频段,主要用于地质结构探测、对潜通信;频率为 300Hz～3kHz,波长为 10^3～10^2km 称特低频(ULF)频段,主要用于地质结构探测、对潜通信;频率为 3～30kHz,波长为 10^2～10km 称甚低频(VLF)频段,其既可用于海底通信,也可用于 Omega 导航系统;频率为 30～300kHz、波长为 10^4～10^3m 称低频(LF)频段,该频段适用于某些类型的通信以及罗兰 C(Lora C)定位系统;频率为 300～3000kHz、波长为 10^3～10^2m 称中频(MF)频段,该频段含有 500～1500kHz 的标准广播频段,低于此频段的其他部分用于某些海洋通信,而高于此频段的其他部分可用于各种通信服务。

频率为 3～30MHz、波长为 10^2～10m 称高频(HF)频段,主要用于远程通信和远距离短波广播、天波和地波雷达;频率为 30～300MHz、波长为 10～1m 称甚高频(VHF)频段,主要用于电视和视距内调频广播,同时还可用于与飞机与其他运动体的通信;频率为 300～3000MHz、波长为 1～0.1m 称特高频(UHF)频段,广泛用于警戒雷达、电视广播等。

频率为 3～30GHz、波长为 10～1cm 称超高频(SHF)频段,大部分用于遥感雷达系统;频率为 30～300GHz、波长为 10～1mm 称极高频(EHF)频段,部分应用于遥感雷达系统,大部分应用得不广泛。

2.2.2　电磁波的波段

电磁波的波段从波长短的一侧开始,依次叫做 γ 射线、X 射线、紫外线、可见光、红外线、无线电波。波长越短,电磁波的粒子性越强,直线性、指向性也越强。

表示电磁波的各个波段,其中红外线的各波段的名称及其波长范围以及微波的波长范围根据使用者的需要而有所不同,不是固定的。这里只是表示在遥感中一般所使用的名称和波长范围。

目前,遥感所使用的电磁波的波长是,紫外线的一部分(0.3～0.4μm)、可见光线(0.4～0.7μm)、红外线的一部分(0.7～14μm),以及微波(约 1mm～1m)(见图 2-4)。

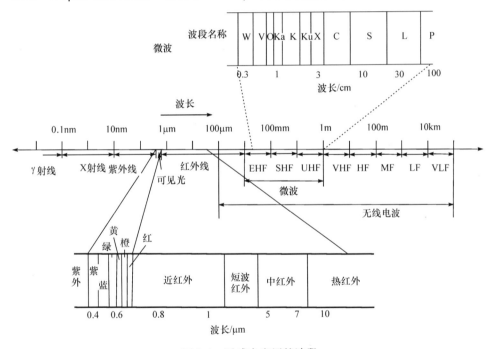

图 2-4　遥感中应用的波段

图 2-4 表示遥感所利用的波长,其中近红外和短波红外合起来又叫做反射红外(0.7～3μm)。这是因为在这个波段,来自太阳光的反射成分比来自地表的辐射成分要大的缘故。相反,在热红外波段,来自地表的辐射占有大部分的能量。

可见光从波长长的一侧开始,从人的眼睛里可以依次看到赤、橙、黄、绿、蓝、青、紫等类似彩虹的颜色。短波红外多用于地质判读。热红外用于温度调查。微波多用于雷达及微波辐射计,并使用 Ka 波段、K 波段、Ku 波段、X 波段、C 波段、S 波段、L 波段、P 波段等特殊的名称。

根据所利用的电磁波的光谱段,遥感可以分为可见光/反射红外遥感、热红外遥感、微波遥感三种类型(见图 2-5)。

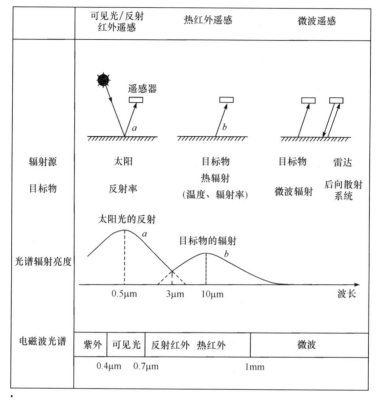

图 2-5　按波段把遥感分为三种类型图

2.2.3　可见光/反射红外遥感

在可见光/反射红外遥感中,所观测的电磁波的辐射源是太阳。太阳辐射的电磁波的最高值在 $0.5\mu m$ 左右。可见光/反射红外遥感的数据对地表目标物的反射率有很大的依赖性。也就是说,根据反射率的差异可以获得有关目标物的信息。这里,激光雷达是一个例外,它的辐射源是其装置本身。

2.2.4　热红外遥感

在热红外遥感中,所观测的电磁波的辐射源是目标物。常温的地表物体辐射的电磁波的最高值在 $10\mu m$ 左右。对由太阳辐射引起的目标物的光谱辐射亮度 a 和由地表辐射引起的目标物的光谱辐射亮度 b 进行比较,结果如图 2-5 所示。图中忽略了大气吸收的影响,同时曲线的形状还依赖于目标物的反射率、发射率和温度。因此,实际的曲线 a 和曲线 b 的交点根据目标物的反射率、发射率、温度而改变,在大约在 $3.0\mu m$ 附近。所以,在遥感中,在比 $3.0\mu m$ 短的波长范围内,主要是观测目标物的反射辐射,而在比 $3.0\mu m$ 长的波长范围内,主要是观测目标物的热辐射。

2.2.5　微波遥感

在微波遥感中,所观测的电磁波的辐射源有目标物(被动)和雷达(主动)两种。在被动微波遥感中,是观测目标物的微波辐射;在主动微波遥感中,是观测目标对雷达发射的微波信号的散射强度,即后向散射系数。

微波是横波,又称平面电磁波,即电场与磁场相互垂直并在一个平面内,该平面与波的传播方向垂直。电磁波携带的电磁能量对带电粒子可产生作用,在被照射物体上引起感应电流。高频振荡电流又产生辐射场,即产生散射场。沿雷达方向返回的散射场称散射回波,又称目标回波。

微波的一个特性是相干性,即两个同频、同极化的波在空间叠加时,各点合成电磁场的大小与各波在该点场的相位有关,结果在某些点场的振幅增大,某些点减小,甚至叠加结果为 0(两个场振幅相等,位差 π),这种现象称为干涉。

微波遥感中普遍采用为军事目的目标检测与识别,将微波波谱划分成不同的波段,并用 K、X、C、S、L、P 表示,其波长(电磁波在一个周期时间内传播的距离)与频率(每秒钟电磁波正弦变化的周期数)的关系见图 2-6。

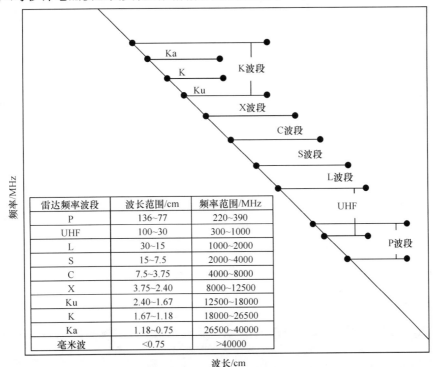

雷达频率波段	波长范围/cm	频率范围/MHz
P	136~77	220~390
UHF	100~30	300~1000
L	30~15	1000~2000
S	15~7.5	2000~4000
C	7.5~3.75	4000~8000
X	3.75~2.40	8000~12500
Ku	2.40~1.67	12500~18000
K	1.67~1.18	18000~26500
Ka	1.18~0.75	26500~40000
毫米波	<0.75	>40000

图 2-6　微波遥感中波长与频率之间的关系图

波长和频率是相互联系的,频率/波长是一个很重要的系统参数。短波长系统的空间分辨率高,能量要求也高。另外,频率/波长也影响了目标粗糙度以及穿透能力的大小。

雷达波长的选择并不单纯从分辨率和大气吸收特性来考虑。发射的电磁波和地面之间的互作用机理与波长有很大的相关性,电磁波与地面通过不同的机理相互作用,这种机理与地面组成的结构是相对应的。在星载 SAR 系统工作的微波频段(1~10GHz),散射波的特征(频率、相位和极化)与两个因素相关:地面的电特性(介电常数)和地面的起伏程度。

2.3　大气窗口及大气垂直分层

由于大气分子及大气中包含的气溶胶粒子的影响,光线在吸收及散射的同时透过大气。由此引起的光线强度的衰减叫做消光,表示消光比例的系数叫消光系数。表示由大气作用引起的光的吸收量、散射量时使用光学厚度。大气中的光学厚度可以把各高度中大气的消光系数用该大气层的厚度进行积分,用积分后的值来表示。

2.3.1　影响大气透射特性的物质

影响大气透射特性的物质有如下几种:

(1) 大气分子:二氧化碳、臭氧、氮、水蒸气等气体分子。

(2) 气溶胶:雾及霾等的水滴、烟、灰尘等粒径较大的粒子。

由大气分子引起的散射中,由于引起散射的粒子的尺度与波长相比很小,称为瑞利散射。瑞利散射与波长的 4 次方成反比。在大气的光学厚度中,由大气分子给予的贡献随季节、纬度而多少有些变动,但在时间上、空间上几乎都是固定的。此外,由气溶胶引起的散射中,由于引起散射的粒子尺度比波长要大,所以称米氏散射。米氏散射对波长的依赖性很小。大气中气溶胶的发生源,有来自海盐、黄沙等从海上、陆地飘浮到大气中的浮游粒子,以及由城市灰尘、工厂排烟、火山活动引起的浮游粒子。气溶胶的数量随时间和场所会有很大的变化。此外,气溶胶的光学特性及粒径分布也根据相对湿度、温度等环境条件而变化。所以,要想正确了解气溶胶引起的光的散射特性是很困难的。

2.3.2　大气窗口

大气的散射、吸收及透射的程度随波长而变化,透射率高的波段叫做大气窗口。

大气窗口的研究也是遥感技术中的基本理论研究之一。地物波谱的特征辐射,能否经过大气传输到达遥感平台上的传感器,这就需要研究各种波长的电磁辐射在大气中的传输问题,寻找最佳的"通道"。同时,电磁辐射信息在大气中传输时会发生衰减和畸变,因而也必须研究大气窗口辐射传输的特性,对传感器所接收到的辐射信息进行辐射校正。

太阳辐射、大地辐射、人工辐射等电磁辐射射入大气后,有一部分被大气吸收,一部分被大气散射(或反射),另一部分可穿透大气,可写出

$$\alpha + \beta + \tau = 1$$

式中,α 为吸收率;β 为散射率;τ 为透射率。它们都是波长的函数。

所谓"大气窗口"就是指大气对电磁辐射的吸收率和散射率都很小,而透射率很高的波段,换句话说,就是电磁辐射在大气中的传输损耗很小的波段。图 2-7 是电磁波谱上的大气窗口,横坐标为电磁波波长,纵坐标为大气透射率。

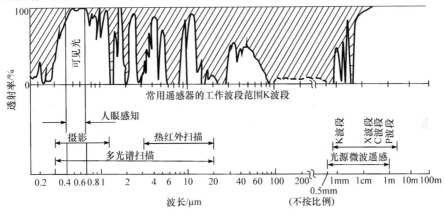

图 2-7　大气窗口图

从图 2-7 可见,从紫外至微波共有 11 个窗口:

(1) 0.15~0.20μm,远紫外窗口,这一窗口透射率小于 25%,在遥感技术中尚未应用。

(2) 0.30~1.15μm,近紫外—可见光—近红外窗口,这是遥感技术应用的主要窗口之一,它又可分为:

0.30~0.40μm,近紫外窗口,透射率约为 70% 左右;

0.40~0.70μm,可见光窗口,透射率大于 95%;

0.70~1.10μm,近红外窗口,透射率约为 80% 左右。

(3) 1.40~1.90μm,近红外窗口,透射率变化在 60%~95%,其中尤以 1.55~1.75μm 波段的窗口有利于遥感。

(4) 2.05~3.00μm,近红外窗口,透射率一般超过 80%,其中尤以 2.08~2.35μm 波段的窗口有利于遥感。

（5）3.5～5.0μm，中红外窗口，透射率大约在 60%～70%，这是遥感高温目标，如森林失火、火山喷发、火焰喷气、核爆炸等所用的波段，但其中 4.63μm～4.95μm 波段为 O_3、CO_2、N_2O 所吸收。

（6）8～14μm，热红外窗口，透射率超过 80%，这也是遥感技术应用的主要窗口之一，但其中 9.6μm 处为 O_3 强吸收。

（7）15～23μm，远红外窗口，透射率小于 10%，遥感技术尚不能应用此窗口。

（8）25～90μm，远红外窗口，透射率虽然达到了 40%～50%，目前遥感技术也还没有实际应用该窗口。

（9）1.0～1.8mm，毫米波窗口，透射率大约在 35%～40%，该波段窗口尚未用于对地面遥感。

（10）2～5mm，毫米波窗口，透射率变化在 50%～70%，该波段窗口也尚未用于对地面遥感，且其中 3mm 处被 O_3 强吸收。

（11）8mm～1m，微波窗口，透射率达 100%，即所谓"全透明"窗口。因此，厘米波以上的微波遥感不受大气窗口的限制，通道畅行无阻，但大气中氧和水汽分子、云雾和雨雹等对雷达波也有一定的影响。

雷达信号穿透电离层和对流层时要产生相位失真、极化旋转和损耗等，从而使图像出现误差，甚至不能成像。电磁能量的传播损失主要是由于大气中氧和水汽分子、云雾和雨雹等吸收电磁能量。氧分子在 60GHz 频率上有一个尖锐的吸收峰值，水分子在 21GHz 频率上有一个吸收峰值，二氧化碳在 300GHz 以上有强烈的吸收，电离层中的自由电子对 1GHz 频率以下的电磁波有明显的吸收衰减，并存在明显的极化旋转效应，因此，星载 SAR 的大气传输窗口下限频率取 1GHz 左右，上限取 15GHz 左右。由于技术上局限性和电源功率方面的限制，X 波段成为目前星载 SAR 采用的最高频段。目前星载 SAR 多采用 L、S、C、X 四种波段。

2.3.3　大气的垂直分层

大气的垂直分层通常分为对流层、平流层、电离层和外大气层。12km 以内为对流层，四分之三的大气质量集中在对流层内；12～80km 为平流层；80～1000km 为电离层，大气以电子、离子状态存在，由于温度高又称热层；1000km 以上为外大气层（见图 2-8）。

1. 对流层

对流层的平均厚度约为 12km，若把大气的上界看做是 8000km 的话，对流层仅仅是大气层的一个薄层。通常，对流层的厚度从两极到赤道是变化的，变动范围在 10～16km。对流层有以下一些主要的特点：

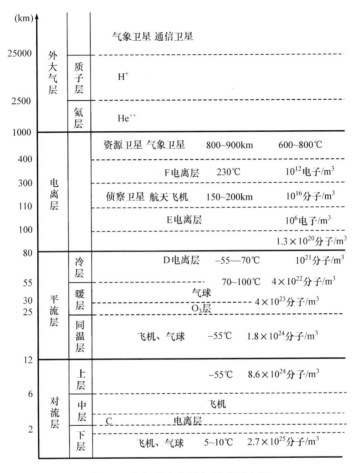

图 2-8 大气垂直分层与遥感平台图

（1）气温随高度升高而下降，约每增高 1000m 气温下降 6℃；

（2）对流层的空气密度最大，空气密度和气压随高度升高密度减小，气压降低；

（3）对流层中空气的成分复杂，空气中除了气体之外，还有固态和液态杂质，如冰晶、盐晶，在对流层中近地面附近的尘烟粒径较大；

（4）在 1200～3000m 处是对流层中最容易形成云的区域。

2. 平流层

12～80km 的高空为平流层，平流层有以下的分层和主要特性：

（1）12～25km 的高空为同温层，温度保持在 −55℃ 左右，大气中的分子数减少，每 1m³ 中为 1.8×10^{24} 个；

（2）25～55km 的高空称为暖层，因为在 25～30km 高空处有一层臭氧层，臭氧吸收太阳紫外辐射而增温，但从 30km 以上至 55km，臭氧的含量逐渐减少，在 55km 高空处的温度可达 70～100℃，故称为暖层；

（3）55～80km 的高空称为冷层，因臭氧扩散至 55km 处含量趋于零，不再有吸收太阳紫外辐射而增温的现象，所以温度又随高度迅速降低到 −55～−70℃，大气中的分子进一步减少，并且开始有微弱的电离作用，所以该层又被称为 D 电离层。

3. 电离层

80～1000km 高空为电离层，在电离层中 110～140km 及 300～400km 高空处分别有 E 电离层及 F 电离层。电离层有两大特性：

（1）稀薄大气因太阳辐射作用而发生电离现象，分子被电离成离子和自由电子状态，因而电导率增加，电离层的电导率为近地面大气电导率的 10^{12} 倍，因此，无线电波在电离层上反射。所以当无线电波从地面向高空发射时，由密度大的空气媒质进入密度小的媒质，而发生全反射现象，使无线电波又返回地面。

（2）因太阳辐射，该层温度随高度递增，500km 高空温度达 230℃ 左右，1000km 高空温度可达 600～800℃，因此电离层又称为热层。

4. 外大气层

离地面 1000km 以上的外大气层，离子成分已经不再像大气层那样，主要是氢氧。在 1000～2500km 主要是氦离子（He^{++}），该层称为氦层；2500km 以上的外大气层又以氢离子（H^+）为主要成分，氢离子又称质子，所以 2500～25000km 可称为质子层。外大气层一直扩散到距地面几万千米的地方，直至与行星星际空间融合为一体。

地球外大气层越往上密度越稀薄，但温度却越来越高，可达 1000℃，被当做是热层的延续。

2.4　多普勒效应

2.4.1　多普勒效应的概念

微波的另一个特性是多普勒效应，即当频率为 f_0 的波源与观测者相对运动时，观测到的波的频率将发生变化。相对靠近运动时，观测者在单位时间内能观测到更多的周期数，即观测到的频率 $f > f_0$。相对远离运动时，则有 $f < f_0$。f 与 f_0 之差称多普勒频率 f_D：

$$f_D = f - f_0$$

f_D 的大小与相对运动的速度成正比，f_D 的正负代表是相向运动还是相背运动，因此可利用多普勒频率推算目标的运动参数。

若飞行器搭载的雷达发射的电磁波频率为 ν，由于飞行器相对地面运动，在地面观察到的频率为 ν'，当电磁波被地面目标反射回来，地面目标又可认为是固定频率 ν' 的辐射源。这一反射回来的信号被雷达天线接收时，又经历一次多普勒效应，其频率变为 ν''。这样从雷达发射到接收回波，电磁波频率总的改变量是单次多普勒频移的 2 倍，即

$$\Delta_\nu = 2u/\lambda\cos\theta$$

式中，u 为飞行器相对地面的速度；λ 为电磁波长；θ 为飞行方向与地面目标和飞行器连线间的夹角。

当地面目标位于飞行航线的垂直线位置上，$\theta=90°$，$\Delta_\nu=0$；当目标在飞行器斜前方时，$\theta<90°$，$\Delta_\nu>0$；反之在飞行器斜后方时，$\theta>90°$，$\Delta_\nu<0$。

如图 2-9 所示，如果用一个浮标或木块上下敲击水面，使之产生每分钟 10 周的波，在位置 B，坐在船上的人可以在 1min 内观察到 10 个波通过。但在位置 A，船在朝向波的方向运动，观察者可以观察到更高的波数，例如每分钟 12 次。在位置 C，船在向背离波的方向运动，观察到的频率可能为每分钟 8 次。这些频率与原每分钟 10 次的频率之差，称为多普勒频率。

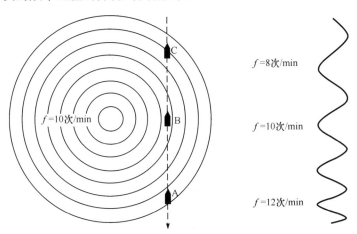

图 2-9　多普勒效应示例图

合成孔径雷达正是利用了多普勒效应才得到了方位向高分辨率的能力。在合成孔径雷达成像过程中，通常雷达是运动的、被成像的目标是静止的（反之则成为逆合成孔径雷达），随着发射波源（雷达）的运动，地面静止目标感受到的波的频率是在不断变化的，在合成孔径时间内由多普勒效应引起的频率变化的范围即为多普勒带宽。成像处理正是将多普勒带宽内的信号进行综合，才得到了方位向的高

分辨率。

　　然而,在成像处理对多普勒带宽内的信号进行综合时,通常假设地物场景都是静止的,也就是说成像参数对静止目标是适配的,而对场景中的运动目标则是失配的,这一失配使得运动目标在 SAR 图像中将出现位置偏移和图像的散焦。判读人员则可以根据目标位置偏移的程度以及散焦的程度(或借助软件工具)对运动目标的速度和方向进行判定。下面以机载 SAR 为例(见图 2-10),推导运动目标位置偏离及与其速度的关系。

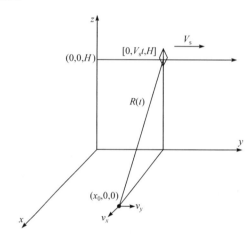

图 2-10　机载 SAR 几何关系示意图

　　设 SAR 以速度 V_s 沿 y 轴方向匀速运动,0 时刻时所在位置为 $(0,0,H)$,地面目标 P 在 0 时刻的位置为 $(x_0,0,0)$,该目标沿 x 方向的速度分量为 v_x,沿 y 方向的速度分量为 v_y。不失一般性,假设 SAR 正侧视工作,则在合成孔径时间 T_{syn} 内,SAR 与运动目标的距离历程为

$$R(t;P)=\sqrt{(x_0+v_x t)^2+(v_y t+V_s t)^2+H^2}$$

而成像时,认为场景是静止的,也即认为该点处的距离历程为

$$R_0(t;P_0)=\sqrt{x_0^2+V_s^2 t^2+H^2}$$

SAR 成像过程中是基于静止目标距离历程去构造匹配函数完成孔径综合的,因此,目标的运动会导致残余相位出现,残余相位表达式为

$$\varphi_c=-\frac{4\pi}{\lambda}\big[R(t;P)-R_0(t;P_0)\big]\approx-\frac{4\pi}{\lambda}\left[\frac{v_x x_0}{R_0(0;P_0)}t+\frac{v_x^2+v_y^2-2V_s v_y}{R_0(0;P_0)}t^2\right]$$

上述残余相位中时间 t 的一次项为由于目标运动导致的与静止目标不同的多普勒频率引入的相位,它将影响到目标成像后所在的位置。运动目标与静止目标的多普勒频率偏差为:$f_{\Delta d}=-\frac{2}{\lambda}\frac{v_x x_0}{R_0(0;P_0)}=-\frac{2v_{xr}}{\lambda}$。其中 $v_{xr}=v_x\dfrac{x_0}{R_0(0;P_0)}$ 为投影

到雷达径向的速度分量。

t 的二次项为目标运动引起的多普勒调频率差异,其将使目标聚焦效果存在恶化,出现散焦现象。

由上述相位可见,如果目标仅存在沿雷达飞行方向(此处为 y 方向)的速度,则目标不会出现位置的偏移,仅会产生散焦现象;如果目标存在 x 方向的运动,则会引起位置的偏移,还对聚焦效果有影响。

由于上述原因,一般情况下运动的目标(如火车、汽车、舰船等)在运行轨迹(如铁轨上运行的火车、公路上运行的汽车等)将生成无回波反射的黑色图像,而运动目标则脱离运行轨迹并在运行轨迹的左侧或右侧生成模糊图像。在 SAR 图像中,铁路轨道多呈强回波或中强回波的白色或浅灰色图像,当运行的火车与合成孔径成像雷达发生多普勒效应后,火车会在偏离轨道的一侧生成白色的模糊图像,而轨道上运行的火车则成为无回波反射的黑色图像(见图 2-11)。

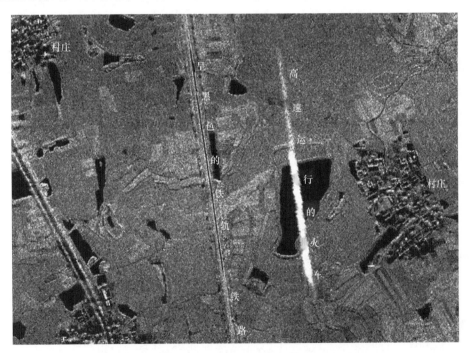

图 2-11　多普勒效应引起的高速运行的火车 SAR 图像

2.4.2　运动目标前进方向判定

依据多普勒效应,在雷达图像中还可对运动目标的方向进行判定。根据 2.4.1 节中的距离历程,可以推导得到静止目标在合成孔径时间内多普勒频率与 t

的关系为

$$f_{d0}(t) = -\frac{2V_s^2}{\lambda R_0(0;P_0)}t, \quad t \in [-T_{syn}/2, T_{syn}/2]$$

即多普勒调频率为

$$f_{r0} = -\frac{2V_s^2}{\lambda R_0(0;P_0)}$$

而运动目标在合成孔径时间内的多普勒频率与 t 的关系为

$$f_{dp}(t) = -\frac{2V_s^2 t + 2v_x x_0}{\lambda R_0(0;P_0)} = -\frac{2V_s^2}{\lambda R_0(0;P_0)}t - \frac{2v_{xr}}{\lambda}, \quad t \in [-T_{syn}/2, T_{syn}/2]$$

经过成像处理,目标通常被压缩至合成孔径中心时刻对应的多普勒频率(即多普勒中心频率)处。本例中,中心频率为零,对于静止目标 P_0,其中心频率对应的方位时刻为 $t=0$;而对于运动目标 P,其零频对应的方位时刻为 $t = -\dfrac{v_{xr}R_0}{V_s^2}$。也即,当 $v_x > 0$ 时,运动目标将提前出现,反之则目标将滞后出现。如图 2-12 中,火车 2 向远离雷达方向运动,其模糊图像先于轨道出现,火车 1 向靠近雷达方向运动,其模糊图像后于轨道出现。

此外,上述运动目标 P 在图像中与静止目标的方位向位置差为 $\Delta R_{Az} = -\dfrac{v_{xr}R_0}{V_s}$,当 SAR 的速度和斜距确定后,目标沿径向的速度越大,位置偏离越大;而如果目标径向速度确定,SAR 速度与斜距的比值越小,则位置偏离越大。因此相对于高轨 SAR 而言,低轨 SAR 卫星速度快且卫星与场景斜距小,故目标位置偏离相对较小;而在高轨 SAR 中,卫星速度与斜距的比值迅速下降,此时地面目标较小的运动分量都将导致非常大的位置偏离。

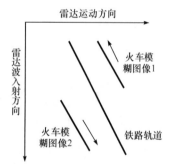

图 2-12　运动目标位置偏离与
运动速度的关系示意图

图 2-13～图 2-17 是合成孔径成像雷达多普勒效应引起的运动目标(火车)脱离运行轨迹的图像。图 2-13、图 2-14 中火车 1 与火车 2 均偏离在铁路的同一侧,故可以判定运行的火车 1 与运行的火车 2 是向同一方向运动;由火车 1 距铁轨的距离大于火车 2 距铁轨的距离,依据合成孔径成像雷达成像机理及多普勒效应,火车 1 的运行速度比火车 2 的运行速度要快。而图 2-15 中的火车 1 与火车 2 也偏离在铁轨的同一侧,但火车 2 的运行速度比火车 1 的运行速度要快。

图 2-13　多普勒效应引起的高速运行的火车 SAR 图像（一）

图 2-14　多普勒效应引起的高速运行的火车 SAR 图像（二）

图 2-15　多普勒效应引起的高速运行的火车 SAR 图像(三)

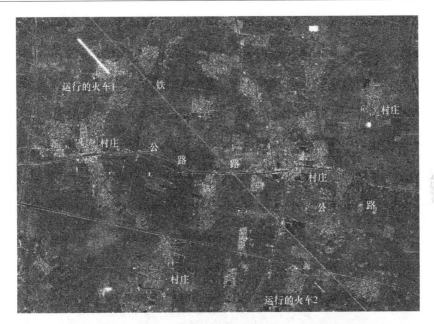

图 2-16　多普勒效应引起的高速运行的火车 SAR 图像(四)

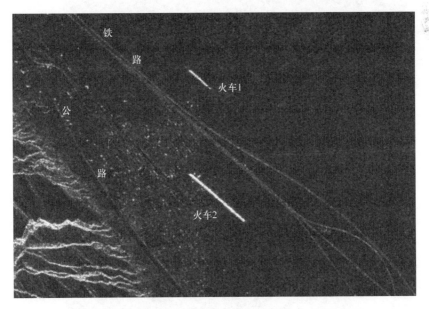

图 2-17　多普勒效应引起的高速运行的火车 SAR 图像(五)

　　图 2-18～图 2-28 是合成孔径成像雷达多普勒效应引起的运动目标(火车、汽车)脱离运行轨迹的多幅图像,可进一步加深对合成孔径成像雷达多普勒效应引起的运动目标脱离运行轨迹的认识及理解。

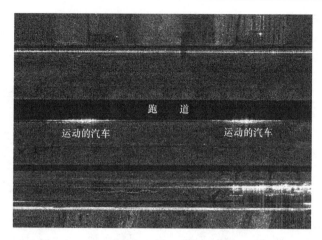

图 2-18　多普勒效应引起的高速运行的汽车 SAR 图像

图 2-19　多普勒效应引起的高速运行的火车 SAR 图像(六)

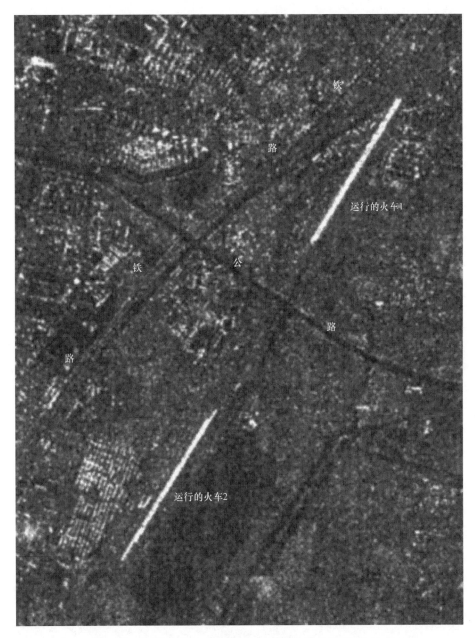

图 2-20 多普勒效应引起的高速运行的火车 SAR 图像(七)

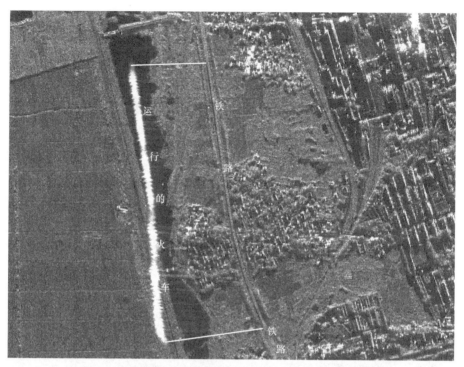

图 2-21　多普勒效应引起的高速运行的火车 SAR 图像（八）

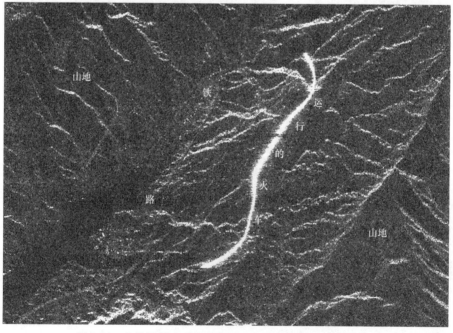

图 2-22　多普勒效应引起的高速运行的火车 SAR 图像（九）

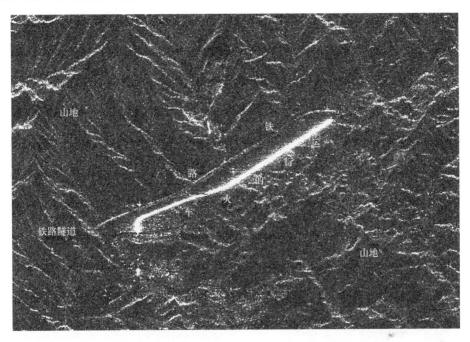

图 2-23　多普勒效应引起的高速运行的火车 SAR 图像（十）

图 2-24　多普勒效应引起的高速运行的火车 SAR 图像（十一）

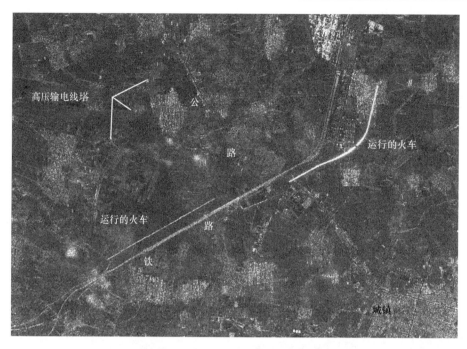

图 2-25　多普勒效应引起的高速运行的火车 SAR 图像(十二)

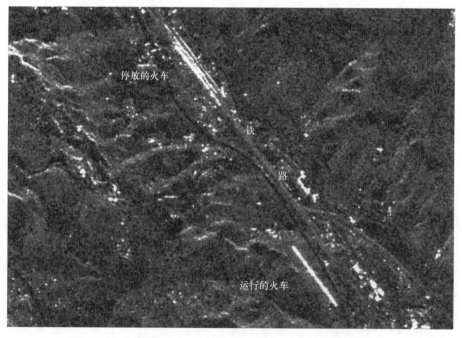

图 2-26　多普勒效应引起的高速运行的火车 SAR 图像(十三)

图 2-27　多普勒效应引起的高速运行的火车 SAR 图像(十四)

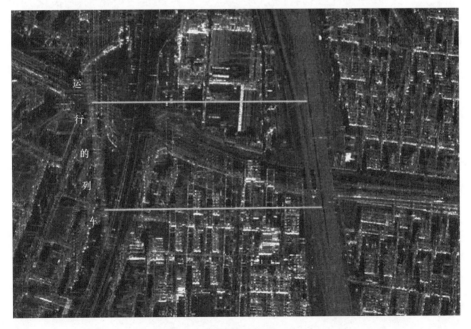

图 2-28　多普勒效应引起的高速运行的火车 SAR 图像(十五)

2.5　电磁波极化及去极化机理

电磁波由一对随时间变化的完全正交的电场和磁场构成,且电场矢量和磁场矢量都垂直于传播方向。对于雷达遥感应用,一般是指电场和磁场的每一个分量都随时间 t 做正弦变化的电磁场,即时谐场。

在光学遥感中,电磁场的电场特性被称为偏振,而在雷达遥感中,电磁场的电场特性则被称为极化。广义的极化波分为三类:第一类是完全极化波,即单色波且无噪声分量。雷达发射的波一般可以看成完全极化波。第二类是部分极化波,包含随机量、时变量或噪声分量。从许多自然界和人工建筑物等反射的信号都包含了很宽的频谱范围,此时,电场矢量在空间任意点一个周期内随时间变化而变化,这种波往往是部分极化波,因此雷达接收的回波一般可认为是部分极化波。第三类是非极化波,表示电场矢量分量之间完全不相关的电磁波。

2.5.1　电磁波极化

对于沿正 z 方向传播的均匀平面波,电场矢量 E 必须在垂直于 z 轴的 xy 平面内,在空间任一固定点上,电场矢量是时间的函数,其末端在 xy 平面内将画出一条轨迹曲线,按轨迹曲线形状可分为三类(见图 2-29):线极化波、圆极化波和椭圆极化波。当该轨迹曲线是一直线时,此种平面波称为线极化波(见图 2-29(a));当该曲线是一椭圆时,此种平面波称为椭圆极化波(见图 2-29(b));当该曲线是一圆时,此种平面波称为圆极化波(见图 2-29(c))。其中线性极化波又可分解为水平极化波(H)和垂直极化波(V),水平极化波垂直于入射面且与地面平行,垂直极化波在入射面内且垂直于入射线(见图 2-30)。

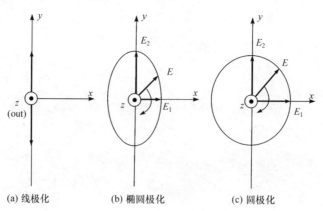

(a) 线极化　　　　(b) 椭圆极化　　　　(c) 圆极化

图 2-29　平面波极化分类图

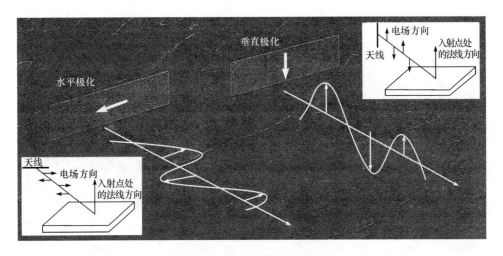

图 2-30　线性极化波分类图

合成孔径成像雷达目前一般采用线性极化波方式成像(线性极化波的传播示意图见图 2-31)。全极化 SAR 利用电磁波的极化特性,采用发射不同的极化电磁波、接收相同和不同的极化回波,得到水平发射水平接收(HH)、垂直发射垂直接收(VV)、水平发射垂直接收(HV)和垂直发射水平接收(VH)四种极化方式的图像(见图 2-32~图 2-35)。

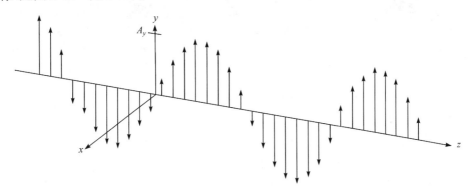

图 2-31　线极化波矢量图

2.5.2　去极化机理

不同极化的不同回波是相应方向的电场与地物目标相互作用的结果。目标之所以能产生交叉极化波的原因,是因为当电磁波与目标相互作用时会使电磁波的极化产生不同程度的旋转,从而产生水平和垂直两个分量,这种产生交叉极化的机理称为去极化。在雷达成像中去极化机理也是雷达图像的信息来源,可用不同极化的天线予以接收,目前已知的主要有四种去极化机理(见图 2-36)。

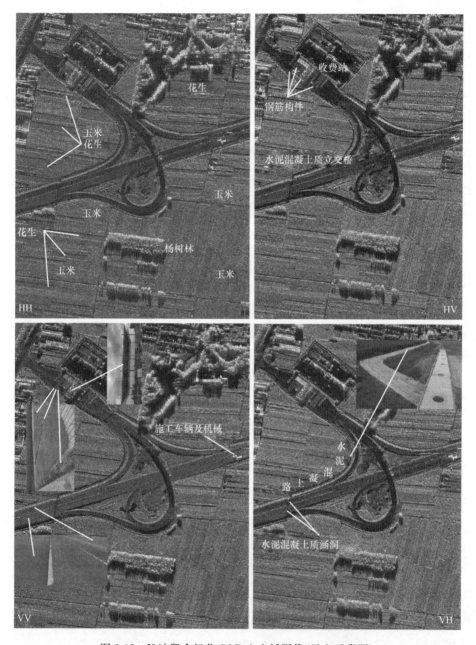

图 2-32　X 波段全极化 SAR 立交桥图像(见文后彩图)

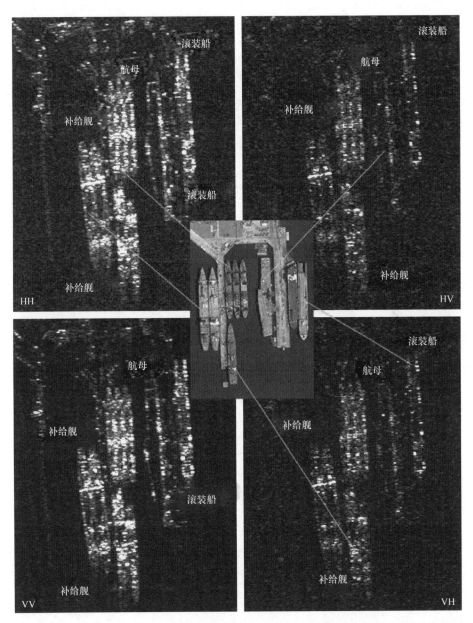

图 2-33　X 波段全极化 SAR 停靠码头的水面舰船图像

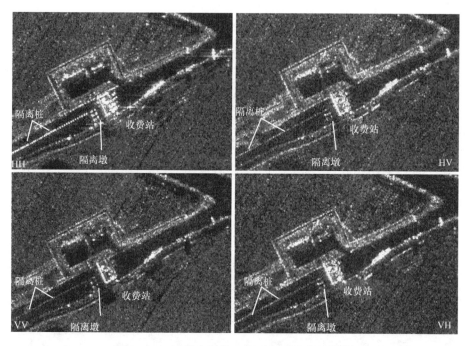

图 2-34　C 波段全极化 SAR 高速路收费站图像

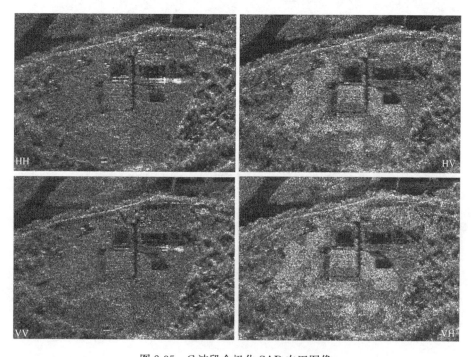

图 2-35　C 波段全极化 SAR 农田图像

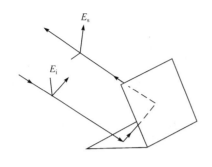

(a) 两次反射——去极化

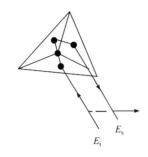

(b) 三次(奇次)反射——无去极化 现象

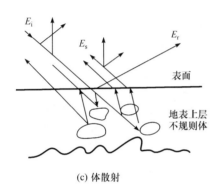

(c) 体散射

(d) 粗糙表面的多次散射

图 2-36　极化散射模型图

E_i. 入射能量；E_s. 后向散射能量；E_r. 反射能量

（1）由于均匀的平滑起伏的二维表面上反射系数的差别而引起的准镜面反射，产生去极化效应；

（2）由于目标表面粗糙而造成的多次散射产生去极化效应；

（3）由于均匀物体，特别是目标表面趋肤深度层内的非均匀物体引起的散射，从而产生去极化效应；

（4）由于目标本身的各向异性产生的散射而产生的去极化效应。

上述四种机理只有三种是常见的，第一种机理仅适合平滑起伏的表面。第二、三种机理适用粗糙的目标，在所有入射角范围内都有均匀的交叉极化。一般说来第三种机理造成的交叉极化波最强。

目标的性质(质地或反射特性)和结构样式(形状)可引起入射电磁波的去极化效应，使入射波产生不同的极化反应，生成相互垂直的水平极化波和垂直极化波，但由于水平极化波(电场矢量)垂直于入射面，垂直极化波(电场矢量)在入射面内且垂直于入射线，所以不同的目标和地形(尤其是弱反射目标和地物)在同极化和交叉极化图像上会有较大的差异(见图 2-37～图 2-39)。

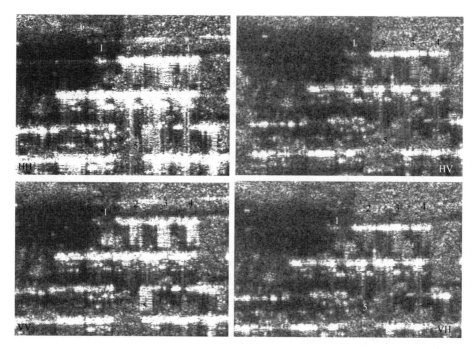

图 2-37　村庄房屋多极化 SAR 图像

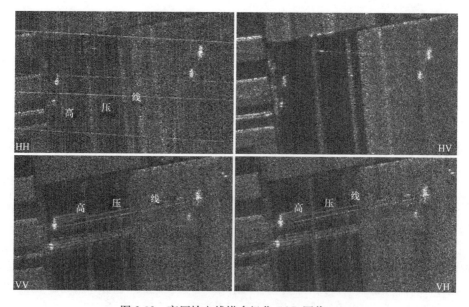

图 2-38　高压输电线塔多极化 SAR 图像(一)

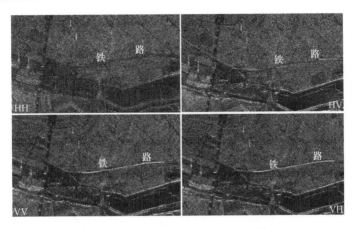

图 2-39　高压输电线塔多极化 SAR 图像(二)

　　全极化 SAR 可获得每一个像元的全散射矩阵,与单极化 SAR 相比,在地物与目标探测、识别、纹理特征提取、目标方向等方面具有较大的不同与改善,且极化 SAR 对植被散射体的形状和方向具有很强的敏感性。一般而言,对于相同的地物和目标,不同极化方式所形成的差异要比不同波段的差异更大,更加敏感。对于低矮的植被,如农田中的作物和田埂,同极化的回波要比交叉极化更强,而对于一些微小的目标,如建筑物上的突起(如天窗、通气孔等),交叉极化更能够保障目标不被丢失,交叉极化的这一特性对小型金属目标成像是十分重要的。

　　对于同类地物和目标,SAR 系统从成像机理上讲,发射和接收极化方式相同(同极化),大多数目标和地物对垂直发射垂直接收(VV)和水平发射水平接收(HH)具有相似的回波能量,但由于水平极化(H)与垂直极化(V)入射波的反射特性不尽相同,对具有良好二面角或三面角反射的地物则会有较大的区别(见图 2-40)。

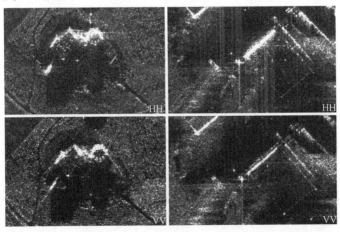

图 2-40　具有三面角与二面角反射同极化 HH 和 VV SAR 建筑物图像

2.6　微波穿透能力

2.6.1　微波穿透能力的概念

当电磁波在介质中传播时,由于介质的吸收和体散射,电磁波会发生衰减,使得电磁波信号减弱以至消失,而不能探测到所要探测的地物与目标。但一些薄层(非金属)的低损耗介质(如塑料膜等)对于长波段成像雷达而言则几乎是透明的,因此 SAR 可对置于低损耗介质下的目标成像,实现穿透现象。电磁波穿透低损耗介质深度的能力称为电磁波穿透能力(见图 2-41、图 2-42)。

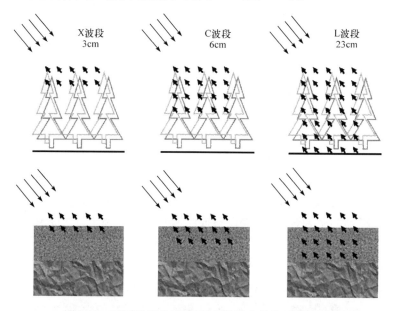

图 2-41　不同波段 SAR 对树木及地表的穿透能力图

电磁波的穿透经常使用"趋肤深度"这一概念,通常它表示当入射的电磁波幅度降低到其初始值的 37% 时电磁波的穿透深度。

图 2-43 是一幅 X SAR 散货仓库图像,通常,工程塑料、玻璃钢等材质对微波是透明的,可认为是完全穿透。依据雷达的这一特性,可判明机场停机坪遮阳棚内(遮阳棚棚顶材料为非金属质或是对入射雷达波吸收材料等材质)是否停放有飞机等目标或类似此类材质建成的仓库内的目标。

图 2-44、图 2-45 是两幅 X 波段 SAR 对农田地物的成像。农田中的白菜(较低矮),但在图像中均呈黑色,可见图像中显现的应主要是地面的反射回波,而非是白菜的反射回波。

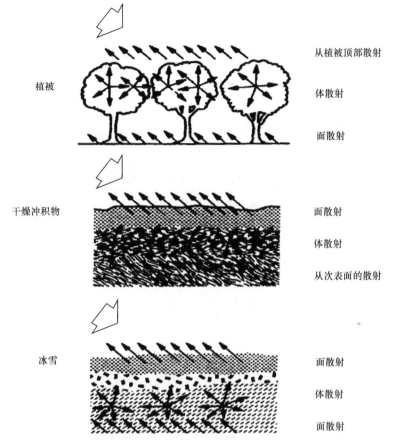

图 2-42　植被表层、干冲积层和冰川冰的面和体散射

图 2-43　X 波段 SAR 穿透能力图像

图 2-44　同时相 X 波段 SAR 图像(见文后彩图)

图 2-45　同时相 X 波段 SAR 图像(见文后彩图)

合成孔径雷达成像不依赖光照，而是靠自身发射的微波，能穿透云、雨、雪和烟雾，具有全天时、全天候成像能力。例如 X 波段 SAR，其波长约 3.2cm，微波穿过 4km 浓云后，其强度仅衰减 1dB，对地面目标的成像基本没有影响，但对于超厚浓积云，X 波段 SAR 也是无法穿透的（见图 2-46、图 2-47）。

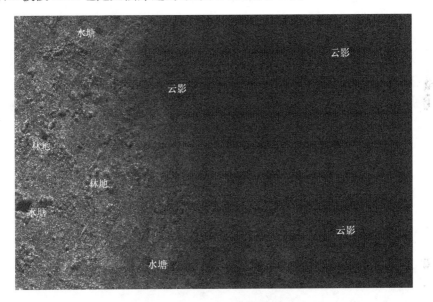

图 2-46　X SAR 穿透能力图像（一）

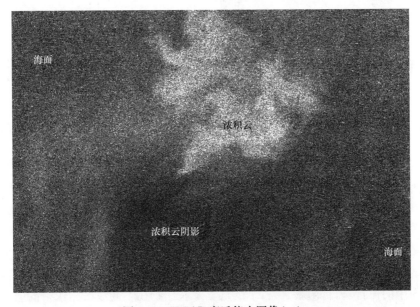

图 2-47　X SAR 穿透能力图像（二）

2.6.2　影响微波穿透能力的要素

合成孔径雷达的穿透深度受多种因素的影响,其中最主要的因素是:雷达波入射角、雷达波的波长(或频率)、电磁波极化方式及地物与目标的介电常数。

1. 波长与穿透力

不同波长的电磁波在真空中的传播速度 C 都是相等的,即电磁波的频率越低,电磁波的波长越长,电磁波的频率越高,电磁波的波长越短。电磁波理论确定,电磁波的波长越短,电磁波的粒子性越强,直线性、指向性也越强。可见低频率的微波雷达比高频率的微波雷达穿透能力强,即 L 波段的微波雷达穿透能力强于 X 波段的微波雷达(见图 2-48)。

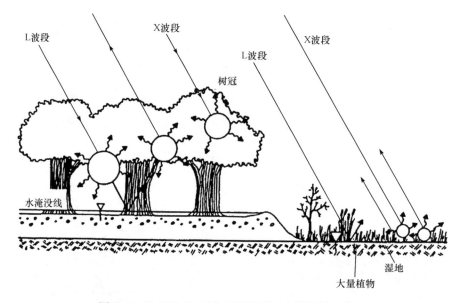

图 2-48　X SAR、L SAR 植被表层面和体散射示意图

对于一般有损耗介质的情况,它既非导电体,又非低损耗,此时损耗正切 $\tan\delta = \sigma/\omega\varepsilon = \varepsilon''/\varepsilon'$。对于低损耗介质,$\tan\delta \leqslant 1$;对于其他介质,$\tan\delta \geqslant 1$。平面电磁波在介质中传输的穿透深度由介质的损耗正切决定。一般说来,频率越高(波长越短),$\tan\delta$ 越大,穿透深度越小。

图 2-49 是同一目标区的 Ku、X、L、P 波段 SAR 航空同时相的图像,由于 SAR 图像的波长的不同,Ku、X、L、P 波段 SAR 四幅图像在色调上有一定的区别,尤其是图像中的树行、树行阴影、树行下的汽车及农作物在不同波段图像中的色调是不一样的,造成这—现象的主要原因是因不同波长 SAR 的穿透能力不同而引起的。

波长短的入射雷达波,难于穿透树冠,以面反射为主,树行出现了明显的阴影图斑,隐藏于树行下的汽车无法产生回波反射,无法发现隐藏于树行下的汽车,长势较低矮的农作物及平整的农田呈深灰色图斑;对于波长较长的 SAR 图像,树行及长势较低矮的农作物被入射雷达波穿透,故隐藏于树行下的汽车产生回波反射,树行的树干产生体反射呈白色或浅灰色,没有出现或出现较弱的阴影。而长势较低矮的农作物被入射雷达波穿透,平整的农田呈无回波反射的黑色或深灰色。

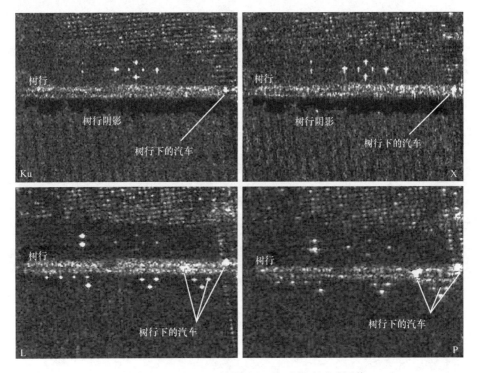

图 2-49　Ku、X、L、P 波段 SAR 穿透能力对比图像

　　图 2-50～图 2-52 是 X 波段与 C 波段农田家作物和水塘水面植物的同极化图像。从农田中的花生地与玉米地图像可以看出,由于玉米秧长势高且密度大,花生秧长势低(此时期玉米秆高 1m 有余,而花生秧高约 15cm),无论是 X 波段或 C 波段都无法穿透玉米秆,但 C 波段 SAR 成像后对花生秧基本上处于穿透状态,而 X 波段 SAR 对花生秧有一定的穿透,但无法穿透到地表,所以玉米地与花生地在 X SAR 与 C SAR 图像中的色调就有了一定的区别,尤其是花生地一个呈浅灰色,一个呈深灰色或黑色。图 2-52 是 X 波段与 C 波段某地水塘及水面植物的图像,同理可以看出不同波长雷达波对水面植物的穿透能力及水塘边的树林穿透能力的不同,主要表现为水面上的植被及水塘周围树林的色调差异及

树林阴影的强弱。

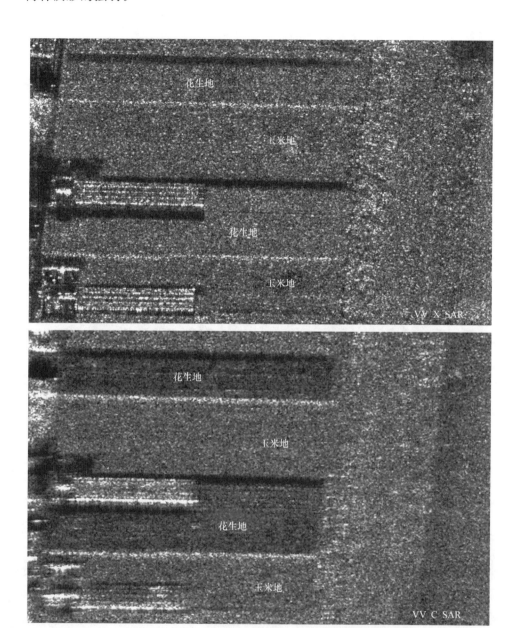

图 2-50　X、C 波段 SAR 农田穿透能力对比图像（VV）

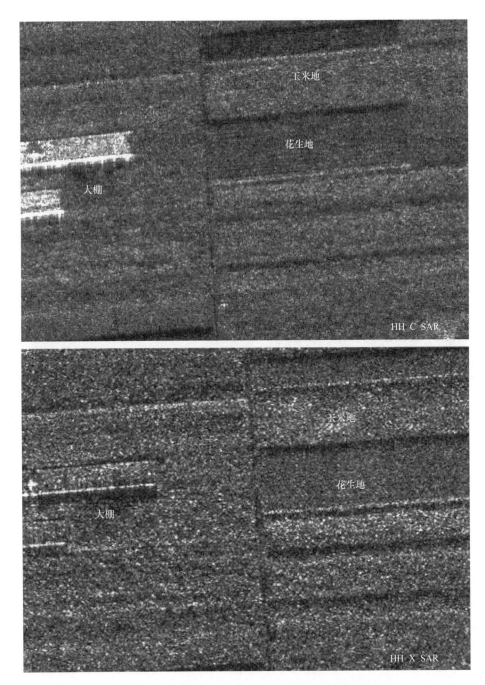

图 2-51　X、C 波段 SAR 农田穿透能力对比图像(HH)

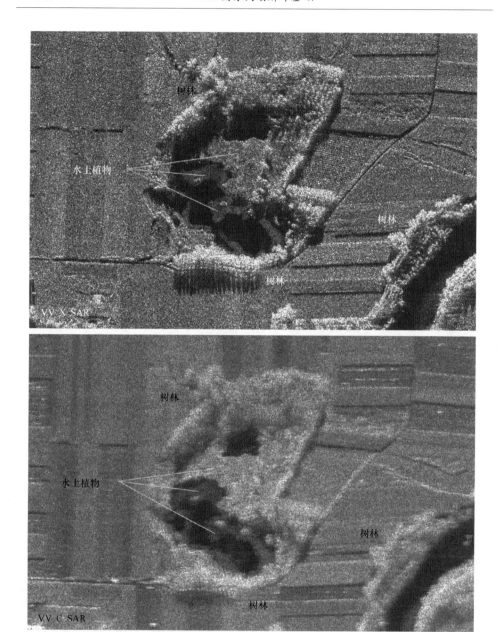

图 2-52　X、C 波段 SAR 水塘水面植物穿透能力对比图像

　　图 2-53 是同一机场不同波段相近时相(X SAR(11 月底)3m 分辨率和 S SAR (12 月底)5m 分辨率)的雷达成像图。从图像中可以看出,在 X 波段雷达图像中, 跑道周围的地物(多为杂草)呈粗糙表面,有一定的反射回波,在图像中呈灰色。而 在 S 波段的雷达图像中,跑道周围的地物与跑道有相近的反射回波,机场跑道呈与

周围地物色调相近且难于识别的图斑。

图 2-53　X 波段和 S 波段 SAR 机场图像

　　图 2-54 是同一地物与目标区的 C SAR 和 L SAR 的同时相的图像,但图像中的同一地物与目标成像后的色调有较大区别。一是农田在 C SAR 图像中呈深灰色,而在 L SAR 图像中呈黑色;二是树林在 C SAR 图像呈深灰色,而在 L SAR 图像呈浅灰色或白色。从两幅图像可以推断出,C SAR 图像主要是地物与目标的面反射生成的图像,而 L SAR 图像主要是体反射生成的图像,即 L SAR 的穿透能力大于 C SAR 的穿透能力,才造成了图像的色调差异。由此可见,利用 L SAR 对农作物成像,难于准确显现农作物的生长情况,尤其是对生长初期的农作物。

　　2. 入射角与穿透力

　　当雷达波由一种介质进入另一种介质后,由于介电常数的不同,入射波将发生折射(见图 2-55),其折射角是随介质的介电常数变化而变化的。雷达波的入射角不同,入射雷达波将随着介质的介电常数的变化而改变运动方向产生折射(图 2-55 中直角三角形 OAB 的斜边 OA),按入射电磁波幅度降低到其初始值的 37% 时电磁

图 2-54　C SAR、L SAR 同地区图像

波的穿透深度计算,由于入射角的不同,在介质的介电常数相同情况下,入射波的折射角是不同的,则入射波的穿透深度(图 2-55 中直角三角形 OAB 的直角边 OB)是不一样的。从图 2-55 中可以看出,入射角 η 越大,折射角 η' 越大,线段 OA 则向右偏移,直角三角形的直角边 OB 将变短,即雷达电磁波的穿透深度将变小。所以雷达波入射角 η 越大,雷达电磁波的穿透深度越小。从图 2-55 可以发现,在雷达波长、物体的介电常数、电磁波极化方式等因素确定的情况下(这种情况是最常见的雷达诸元条件,通常成像雷达的波长、物体的介电常数是不变的,而雷达的极化方式多采用同极化、交叉极化或多极化),雷达波入射角则是成像雷达穿透深度的主要因素。当雷达波以某一入射角照射到地物,入射雷达波从某一介质进入另一介质将产生折射,但由于入射角的不同,入射波折射后与法线的夹角随入射角的改变而变化。入射角大,折射后的入射波与法线的夹角大,入射角小,折射后的入射波与法线的夹角小。

入射的电磁波幅度降低到其初始值的 37% 这一量值是不变的(图 2-55 中的线段 OA 的长度是一定的),但由于折射角的变化,电磁场波的穿透深度(图 2-55 中 OA 是电磁波的运动方向及穿透距离,OB 则是雷达的穿透深度)则会发生变化。即雷达入射波的入射角小,电磁场波的穿透深度大;入射波的入射角大,电磁场波的穿透深度小。

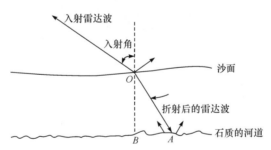

图 2-55　植被表层、干冲积层和冰川冰的面和体散射

图 2-56~图 2-59 是同一地下油库、半地下油库同波段、同极化、不同入射角 SAR 图像,从图像中可清晰看出两幅地下油库的图像有较大区别,入射角小的可见油罐的反射图斑,而入射角大的见不到油罐的反射图斑,穿透能力的不同是造成这一区别的主要原因。图 2-58 是同一地下油库同波段、同极化、不同入射角 SAR 图像,由于雷达波的入射角不同,半地下油库油罐的反射回波图斑有较大区别。以下数幅图像可以印证出,由于雷达波入射角的不同,其穿透的深度是不一样的,入射波角度小的比入射波角度大的图像更能较好地反映出地下或半地下的地物与目标。

图 2-56　X SAR、L SAR 穿透能力对比图像（一）

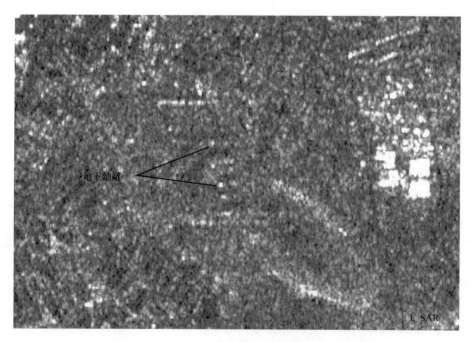

图 2-57　X SAR、L SAR 穿透能力对比图像（二）

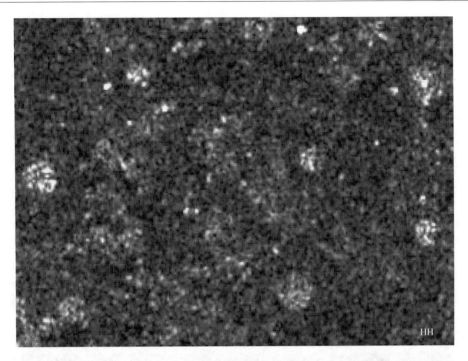

(a) 入射角约41.3°

(b) 入射角约40.8°

图 2-58 X SAR、L SAR 穿透能力对比图像(三)

图 2-59　同时相 L SAR 图像

3. 极化与穿透力

SAR极化波与穿透深度有着密切的关系,通常情况是:一般而言,SAR的波长决定了其对地物与目标的穿透能力,波长越长,其穿透能力越强。当SAR的波长确定后,其穿透能力基本上是一定的(在地物与目标诸多因素相同的情况下),但由于极化方式的不同,入射电磁波的穿透能力(实际穿透深度)是不同的。通常是VV极化的穿透能力最强,其次是HH极化,最差是VH极化和HV极化,且VH极化和HV极化的穿透能力基本相同。根据极化与穿透能力这一特性,对不同地物与目标的遥感成像,可采用不同的极化方式,以获取理想的地物下目标图像,有利于地物下目标的判读解译。例如,对于低矮的植物若采用VV极化方式成像,则难于显现植物的图像,而采用HV或VH极化方式成像,则有可能(视植物的密度、高度、入射波的波长等因素)对植物成像(见图2-35)。

图2-60是不同极化方式获取的同一农田的HH极化和VV极化图像。从图像中可以推断出,HH极化图像中标注的1、2、3处的农田反射回波强于VV极化的反射回波,在图像中呈浅灰色,而在VV极化方式获取的图像中标注的1、2、3处的农田反射回波明显比HH极化图像弱,故在图像中呈黑色或深灰色。造成图像的这一差异的主要因素应是:农田中的农作物长势、密度等因素对入射雷达波的反射强弱不同所致,即由于入射雷达波的极化不同,HH极化显示的是面反射与体反射的结合(农作物的叶、茎引起的面反射与体反射),而VV极化所显示的主要是体反射(农作物的茎、平整的农田地面)。所以可以推断出VV极化的实际穿透深度大于HH极化的实际穿透深度。

图2-61和图2-62是中国华北某地农田X SAR多极化图像。从图像中不难发现,挖起的花生及花生秧堆在四种极化方式成像中无论在图像色调及花生堆的大小上都不尽相同。众所周知,挖起的花生秧堆在农田中多呈中间多(厚)四周少(薄)的近似圆锥形,且花生秧的含水量已很少,远不如生长茂盛时期的花生秧,因此,入射雷达波对挖起的花生秧的穿透能力大于生长茂盛时期的花生秧。从图像中可以看出,HV及VH极化方式成像的花生秧堆色调比HH极化、VV极化成像的色调亮度高,而HH极化方式获取的图像又比VV极化方式获取的图像色调亮度高;HV及VH极化方式成像的花生秧堆面积比HH极化、VV极化成像获取的花生秧堆面积大,而HH极化方式获取的花生秧堆面积又比VV极化方式获取的花生秧堆面积大。因此,从以上的分析及推断中可以发现,造成这一现象的主要原因是不同极化方式的成像,其穿透能力是有区别的,即在波长、入射角、介电常数等诸多因素一定的情况下,入射雷达波的极化方式不同,其穿透能力是不一样的。穿透能力强的极化方式成像,花生秧堆面积小,亮度弱,反之则面积大,亮度强。四种

极化方式成像中,VV 极化方式成像穿透力最强,其次是 HH 极化,而 HV 极化及 VH 极化穿透能力最差。

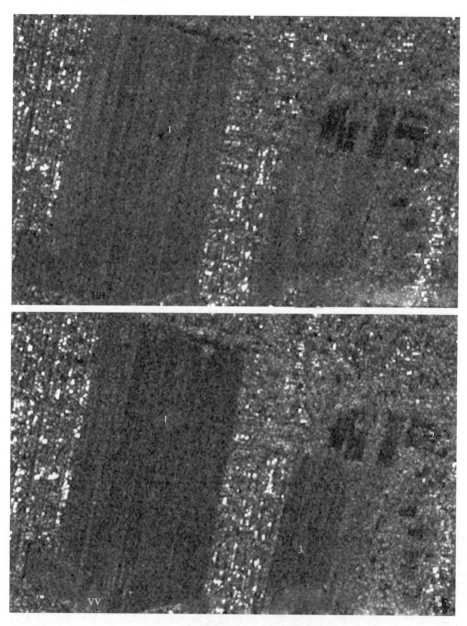

图 2-60　多极化农田 SAR 图像

1、3. 长有低矮植被的土地;2. 裸地

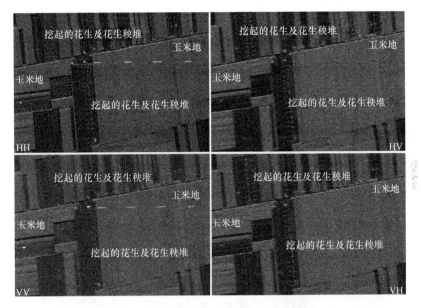

图 2-61　多极化花生及花生秧堆 SAR 图像（一）

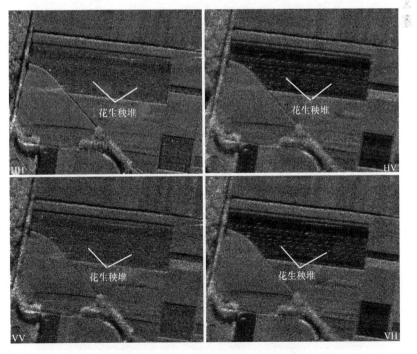

图 2-62　多极化花生及花生秧堆 SAR 图像（二）

图 2-63~图 2-65 是三幅雪山冰川地貌的 X SAR 多极化图像(2010 年 4 月)。从图像中同一地域的地物与目标成像纹理、色调等识别特征的不同,可分析判断出,X SAR 对积雪具有一定的穿透能力,且极化方式的不同,其穿透能力是不一样的,即 VV 极化的穿透力优于 HH 极化,而 VV 极化及 HH 极化优于 VH 极化与 HV 极化,VH 极化与 HV 极化的穿透力相同。以图 2-63 为例进行推理分析,印证不同极化方式对穿透能力的影响。

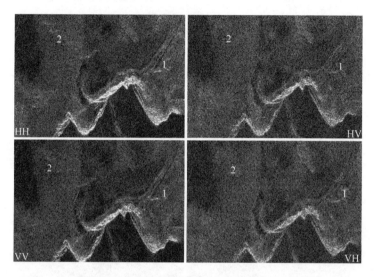

图 2-63　多极化冰川雪山 SAR 图像(一)

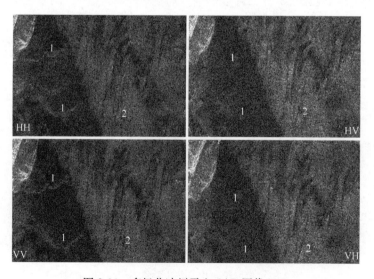

图 2-64　多极化冰川雪山 SAR 图像(二)

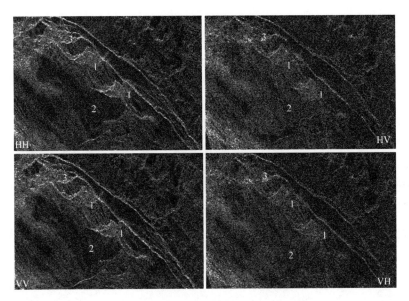

图 2-65　多极化冰川雪山 SAR 图像(三)

　　图 2-63 中标注 2 处的图像显示，HV 与 VH 极化方式成像的色调、纹理较平滑一至，整体感较强，而 HH 与 VV 极化方式成像的色调、纹理不均匀并出现了数条较亮的不规则的短线，整体感较差；标注 1 处的地物在四种极化方式成像中的色调差别明显，纹理也不尽相同。从图像的诸多区别可推断出，由于入射雷达波的波长、入射角、探测方向、表面地物与目标(应为积雪)等因素是相同的，但入射雷达波的极化方式不同，HH 极化、VV 极化图像中的色调及纹理与 HV 极化、VH 极化的差异应是不同地物与目标成像结果。不同地物与目标应是什么？依据图像的色调、纹理推理可知，HV 极化、VH 极化成像的地物与目标应是长年的积雪，其在 SAR 图像中的色调及纹理较均匀一致，而 HH 极化、VV 极化成像的地物与目标应是积雪下的山体或多年高低不同破碎的陈冰，其在 SAR 图像中的色调及纹理则是不规则的。

　　由于雪山冰川地貌的山体长年被厚重的积雪与冰层覆盖，一般遥感手段观测到的多为表面积雪及冰川，难于观测到积雪与冰层覆盖下的山体真面目。利用 SAR 的这一特性，采用不同的波长、极化方式成像，可观测到一定雪层深度下的山体等地物与目标。如要利用 SAR 成像对雪山进行高程量测，应尽量采用高频段成像雷达(如 Ka 波段成像 SAR)，并采用交叉极化方式(HV 或 VH)成像，可较好地获取雪山的高度值。

　　图 2-66 是同一体育场的 X SAR 多极化图像。从图像中可以看出体育场内的草坪色调及草坪轮廓线有一定的差异，VH 极化和 HV 极化的草坪色调比 VV 极

化和 HH 极化的色调要浅且边缘轮廓清晰,而 VV 极化和 HH 极化的色调要深,且 VV 极化的草坪色调比 HH 极化的色调还要深。造成以上差异的主要原因是极化特性所引起的。由于成像诸元已确定,入射电磁波对地物与目标将产生折射、漫反射、吸收及穿透等现象,但成像极化方式不同(电磁波的电场矢量与磁场矢量的方向不同),地物与目标是相同的,入射电磁波对同一地物与目标的折射、反射、吸收基本是相同的,但由于入射电磁波的电场矢量与磁场矢量的方向不同,则入射电磁波的穿透能力会有一定的差异,故形成了不同极化方式成像后体育场内草坪的色调差异。图像中色调浅的草坪主要是面(草)反射,而色调较深的草坪主要是体(场地)反射。因此,从这幅图像也可以看出 VV 极化成像的穿透能力优于 HH 极化、HV 极化及 VH 极化。

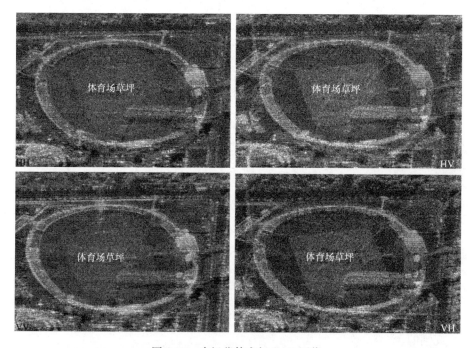

图 2-66　多极化体育场 SAR 图像

以下数幅多极化地物与目标的机载与星载 SAR 图像(见图 2-67～图 2-72),可有利于加深理解极化对穿透能力的影响。

因此,图像判读解译人员在进行 SAR 图像目标判读解译时,应充分考虑到SAR 成像的波段(即波长)、雷达波入射角、极化方式等多种要素对地物与目标成像的影响和特点,以便正确地判明各类地物与目标。

图 2-67　X SAR 同极化机械化喷灌农田图像

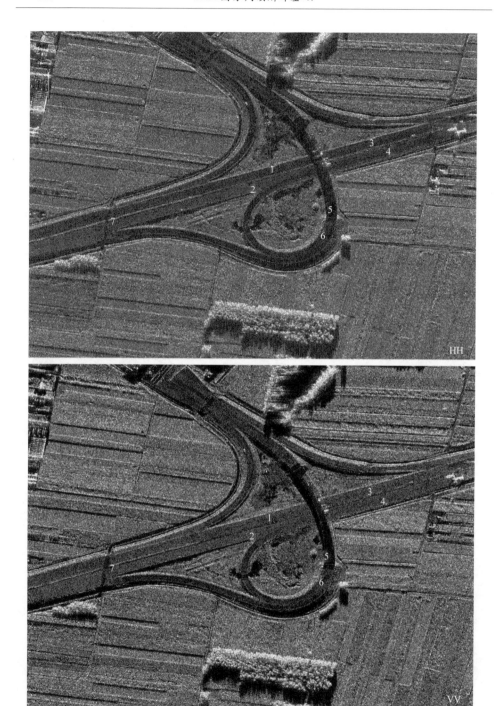

图 2-68　同时相 X SAR 在建立交桥、高速路同极化图像

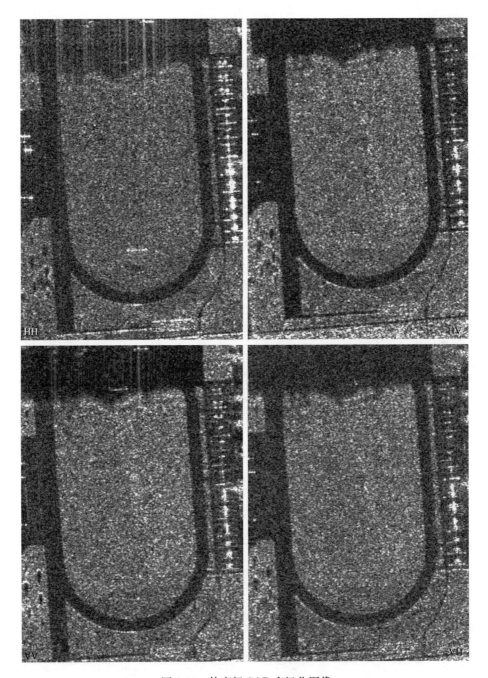

图 2-69　体育场 SAR 多极化图像

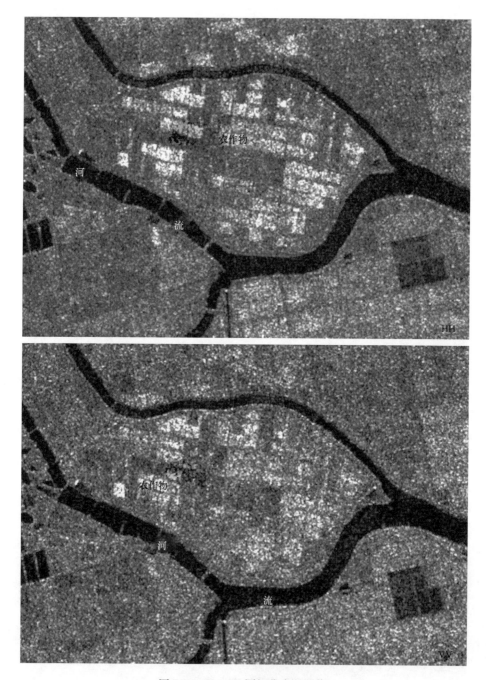

图 2-70　X SAR 同极化农田图像

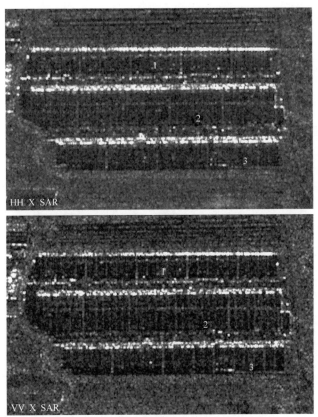

图 2-71　同极化蔬菜大棚 SAR 图像

1～3:塑料大棚

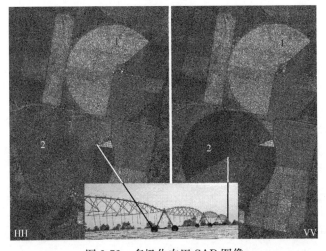

图 2-72　多极化农田 SAR 图像

第 3 章　合成孔径雷达成像基本原理

雷达通常由发射机、转换器、天线、接收机和显示器等组成（见图 3-1）。发射机产生高功率微波脉冲信号，经收发开关送至天线，再经天线定向辐射波束对空域扫描，目标的反射回波被天线接收，经收发开关进入接收机。

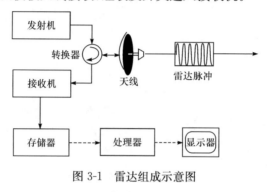

图 3-1　雷达组成示意图

3.1　SAR 成像原理

3.1.1　真实孔径雷达成像原理

真实孔径成像雷达是利用与航迹线垂直发射的窄波束短脉冲（见图 3-2），照射地面一个窄条带，短脉冲击中目标后，一部分能量返回雷达天线，形成回波，不同距离的目标反射回波进入雷达接收机中，按时间先后次序分开记录。回波的强度大小变化形成了目标的图像，不同距离的目标反射回波在雷达接收机中按时间先后次序分开，当一条回波线记录好后，该窄条带地形的图像也就完成了。紧接着发射下一个脉冲，此时，飞行器已向前运动了一个很小的距离，于是又形成稍微不同的另一窄条带图像，如此继续，形成一幅完整的地面条带图像，与斜距或地距的比例为距离向比例尺，与飞行器同步移动的比例为方位向比例尺。

如图 3-3 所示，地面窄带内的几个目标，假定成像的距离范围为从 A 至 B，回波信号显示于阴极射线管。从 A 点的回波信号到达天线的时刻起，阴极射线管上的光点开始以不变的速度在管面扫描。雷达相对于 A 点的距离即为雷达图像的近距离。光点的亮度依据回波信号的强弱而变化。如果从 1 点的回波为强信号，那么它就在阴极射线管上的 X 处显示一个亮点。从 2 点的回波显示于 Y 处，在很短的时间内，从 3 点的回波显示于 Z 处。从 B 点的回波显示完了以后，阴极射线管即被关闭，直到传输下一个脉冲时再启动。然后，再重复这一整个过程。

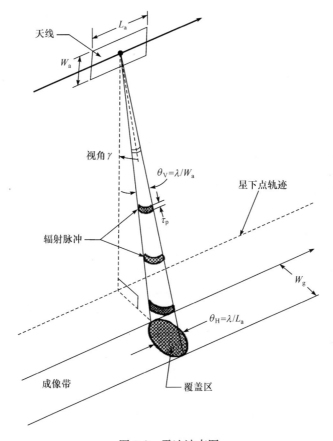

图 3-2 雷达波束图

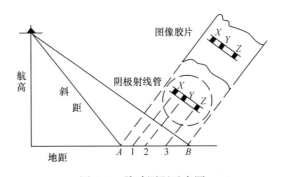

图 3-3 脉冲测距示意图

雷达发射窄脉冲微波信号,不同距离上的目标回波延迟时间不同,形成距离向的分辨能力。脉冲宽度越窄分辨率越高,俯角(雷达天线水平线与从雷达到入射点的发射波束之间的夹角)越小,距离分辨率越高。因此,为了达到很高的分辨率,脉冲宽度必须非常窄,并且为了探测远距离的目标,脉冲的功率不能太低,这就意味着硬件系统必须在非常短的时间内达到很大的发射功率,这给系统实现带来了难度。为此,高分辨率雷达一般采用可通过后期处理得到窄脉冲性质的宽带信号,如线性调频信号等。

真实孔径雷达的方位向分辨率由天线方位向波束宽度和天线到目标的距离决定,在波束宽度一定的情况下,天线到目标的距离越远,分辨率越差。这就给远距目标高分辨率成像,尤其是航天航空遥感高分辨率成像带来了很大的困难。

3.1.2　合成孔径雷达成像原理

为了解决远距离高分辨率成像问题,合成孔径雷达应运而生。合成孔径雷达等效于有很大天线的真实孔径侧视雷达,方位分辨率明显提高,而且与距离无关。合成孔径雷达中采用了一种称为"合成天线"的技术。这种技术简单说来是,雷达接收到的回波并不像真实孔径侧视雷达那样立即显示成像,而是把目标回波的多普勒相位历史储存起来,然后再进行合成,形成图像。在完成这样的处理过程中,等效于形成一个比实际天线大得多的合成天线(见图 3-4),从而大大提高分辨能力。

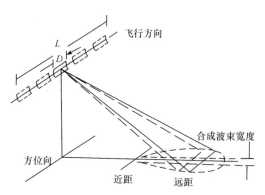

图 3-4　合成天线与实际天线示意图

雷达波束宽度 θ 与天线长度 D 有关,关系式为

$$\theta = \frac{\lambda}{D}$$

其中,λ 为波长。该波束照射到地面所得到的范围为

$$w = R\theta = R\frac{\lambda}{D}$$

因此,长度为 D 的天线在 R 处照射范围为 w,为了在 $2R$ 处照射范围仍为 w,则天线长度必须为 $2D$。为了在所有的距离上得到相同的波束照射范围(即真实孔径雷达的方位分辨率),则必须随着距离的增加而增加天线有效长度,合成天线的

雷达正是做到了这一点。一般雷达总是瞬时地把接收到的目标回波记录成像,但合成天线雷达则不同,当飞行器沿航线飞行时,从目标返回的雷达回波能量先被储存起来,然后再用储存起来的信息生成图像,其结果如同形成一个空间的长天线。合成天线的长度是由飞行器储存回波数据时飞行器与物体的距离所决定的,如图 3-5 所示。

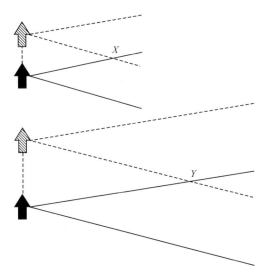

图 3-5　合成天线长度示意图

只有当目标 X 在波束内时,天线才能接收到来自目标的回波,这段时间即为波束扫过该目标的时间,在这段时间内飞行器将从 a 飞至 b。因此,合成天线的长度就是 a 至 b 的距离。

图中目标 Y 的距离是目标 X 的两倍,它在波束内停留的时间也是 X 的两倍,因此飞行器从 c 至 d 的距离也是 a 至 b 的两倍,这意味着目标 Y 的合成天线的长度是目标 X 的两倍。这正好满足上面提到的在两倍距离上要获得同样分辨率,天线就要两倍长的要求。这种合成天线长度随着目标距离增加而增加的性能,使得在所有距离上分辨率恒定。

理论上,合成孔径侧视雷达的方位分辨率只与实际天线的孔径 D 有关,如下式所示:

$$\rho = \frac{D}{2}$$

天线越短,分辨率越高,这与真实孔径侧视雷达的情况正好相反。

3.1.3　雷达天线

雷达的传统目的是发觉"硬"目标(如飞机)的出现,并以某种精确度确定其位置。雷达发射机产生无线电波的高功率脉冲,并通过适当的微波"波导设备"将其传输到天线上。在雷达的高频段,一个适当物理尺寸的天线结构用于将辐射能量限制在空间的一个窄扇形或锥形域内,从而分别在一维或二维空间内定位。

天线是在无线电波和高频电流之间进行相互转换的变换器,它具有向某一特定方向集中发射电波,或集中接收来自某一特定方向的电波的作用。也就是说,天线是无线电波的空间滤波器。即天线是这样一个部件:将电路中的高频振荡电流或馈线上的导行波有效地转变为某种极化的空间电磁波,并保证电磁波按所需的方向传播(发射状态),或将来自空间特定方向的某种极化的电磁波有效地转变为电路中的高频振荡电流或馈线上的导行波(接收状态)。

广播、电视中的电磁波希望沿水平面的各个方向传播,常用半波振子天线,称为线天线。雷达探测要求电磁波定向辐射,常用面天线,主要有抛物面天线和平面阵天线。

天线辐射电磁场在以天线为中心、某一距离为半径的球面上随空间角度(包括方位角和俯仰角)分布的图形,称为辐射方向图,简称方向图。球面的半径,也就是场点到天线的距离必须满足远场条件。

因为天线方向图一般呈花瓣状,故又称为波瓣图。最大辐射方向两侧第一个零辐射方向线以内的波束称为主瓣,与主瓣方向相反的波束称为背瓣,其余零辐射方向间的波束称为副瓣或旁瓣(见图 3-6)。

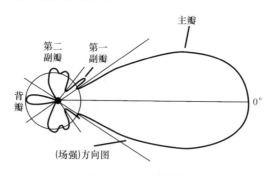

图 3-6　天线波瓣图

3.1.4　SAR 天线

SAR 天线系统通常由一个收发共用的高增益天线构成,该天线又包括馈电系统、结构单元和辐射单元。SAR 通常还有另一个天线来完成通信下传任务。影响

SAR 系统性能的关键参数是天线增益和天线的波束方向图。为了得到要求的增益,绝大多数星载 SAR 系统使用微带相控阵或缝隙波导管设计天线。

　　SAR 天线主要采用矩形平面阵天线,其把低方向性的阵单元天线按一定间距排在一个平面内,形成一个大孔径、高方向性天线,并具有很强的定向特性。雷达天线的主瓣宽度和旁瓣电平主要取决于天线孔径的大小、形状、孔径上电场(或电流)的分布、波长。阵天线尺寸越大方向性越强,即阵的电尺寸越大,主瓣宽度越窄。图 3-7 为几种不同样式的机载 SAR 天线地面照片,图 3-8～图 3-12 是几种不同样式的星载 SAR 天线示意图。

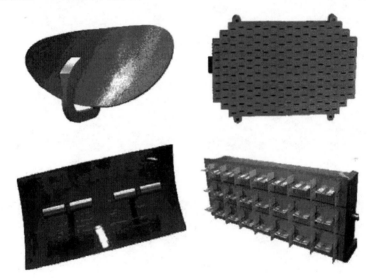

图 3-7　不同样式的机载 SAR 天线

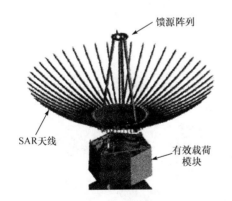

图 3-8　某星载 X 波段 SAR 天线

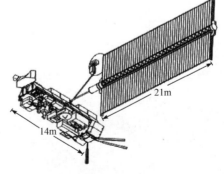

图 3-9　美国航空航天局 EOS-A
天线及设备布置图

图 3-10　ALOS-PALSAR 天线及设备布置图

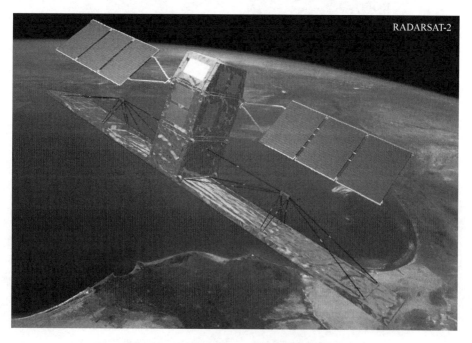

图 3-11　RADARAT-2 天线及设备布置图

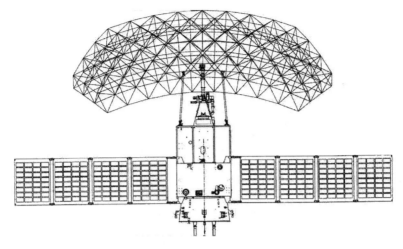

图 3-12　某星载天线及设备布置图

天线的一个重要技术指标是天线的增益。天线增益表示为某一天线与标准天线都得到同样功率时在同一方向上的功率密度之比。使用等方向的天线作为标准天线时的增益称为绝对增益。把某一天线中特定方向的功率密度与从全辐射功率中求出的平均功率密度之比称为指向性增益,天线的增益代表了天线的聚束性能,即天线把由发射机传输的能量集中成一个瞄向目标的波束的程度。

3.2　SAR 空间分辨率

合成孔径雷达空间分辨率是描述其辨别空间上相邻目标最小距离的能力。分辨率的严格定义为:分辨具有不同对比度的相隔一定距离的相邻目标的能力。在雷达系统当中,习惯上常常把雷达系统响应的半功率点宽度定义为分辨率。这是一个不太精确的定义,但是由于这样定义的分辨率不涉及目标的对比度,所以它比真实的分辨率容易描述。

合成孔径雷达的波束指向垂直于航行器的速度矢量方向。典型情况下,SAR产生的是二维图像,一维称作距离向,它是雷达到目标视线距离的量度;另一维称作方位向,它与距离向垂直。因此,SAR 空间分辨率通常也定义在两个方向上:即与飞行方向平行及垂直的方向。平行于飞行方向的雷达分辨率称为方位分辨率,垂直于飞行方向的雷达分辨率称为距离分辨率。理想情况下,距离分辨率取决于发射宽带信号的带宽、波束入射角和成像处理加权系数;方位分辨率取决于成像处理带宽、方位向天线特性、成像处理加权系数和地速等因素。

3.2.1　方位分辨率

方位分辨率是指分辨航向上距离相同而方位不同的两个目标体的能力。在航向上,两个目标要能区分开来,就不能位于同一波束内,这就是说,方向分辨率取决于天线的波束角(见图 3-13,真实孔径雷达)。

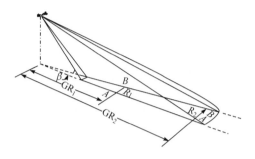

图 3-13　方位向分辨率示意图

如图 3-13 所示,真实孔径雷达方位向分辨率可用下列公式表示:

$$\mathrm{GR}\beta = R\lambda/d = H\lambda/d/\cos\alpha$$

式中,λ 为微波的波长;d 为天线孔径;GR 为雷达到目标间的地面射程;H 为航高;α 为俯角。

合成孔径雷达的方位分辨率与真实孔径雷达的方位分辨率有着根本的不同。对点目标可获得最大的方位分辨率的公式可简单地表示为

$$\mathrm{As}(方位分辨率) = \frac{D}{2}$$

式中,D 是天线长度。

从上式中可以看出,合成孔径雷达的方位分辨率与传感器的高度与波长无关,但实际工程实现中,SAR 工作距离与分辨率仍有一定的联系:

(1) 相同分辨率,工作距离大,合成孔径长度大,需要存储和处理的合成孔径内的数据量成比例增加;

(2) 相同分辨率,工作距离大,需要的发射功率随距离成比例增大;

(3) 相同分辨率,工作距离大,对运动补偿精度要求成比例提高;

(4) 相同分辨率,工作距离大,对系统性能要求提高(如频率稳定度、定时精度、处理速度和精度等);

(5) 星载 SAR 轨道高度越高,工作距离就越远,但最大视角将受到地球圆形的限制。

3.2.2　距离分辨率

目标在图像中距离向的位置是由脉冲回波从目标至雷达之间传播的时间决定的。脉冲长度(或叫脉冲宽度)与雷达波长是两个截然不同的概念,如图 3-14 所示,λ 是波长,τ 是脉冲长度。如 X 波段雷达,波长约 3cm,而脉冲长度往往相当于斜距上的数米。雷达发射的脉冲在整个波束内传播,如图 3-14(b)所示。

雷达的距离分辨率直接与脉冲长度有关。脉冲长度越短,雷达距离分辨率越高。脉冲长度是微波信号的物理长度,为光速(C)和发射持续时间(τ)的乘积。这里的发射持续时间通常是微秒量级,范围在 $0.4\sim1.0\mu s$。在正常发射脉冲的范围

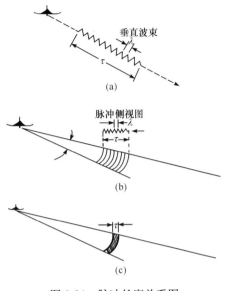

图 3-14　脉冲长度关系图

内,脉冲长度($C\tau$)在 $8\sim210m$ 的范围内。尽管短的脉冲长度会提高距离分辨率,但信号太弱则难以被记录下来。

由于雷达信号必须传播到目标并返回到传感器,用脉冲长度($C\tau$)除以 2 来确定斜距分辨率($C\tau/2$)。为了适应从斜距到地距的不同几何成像,把脉冲长度($C\tau$)除以入射角的正弦,即

$$Gr(地距) = C\tau/2\sin\psi$$

合成孔径雷达的距离分辨率与高度和距离无关,图 3-15 中 X、Y 两点的一对目标,它们分开的距离相同,且都在波束内,由于入射角很大,从 Y 处返回的两个脉冲不会重叠,可在图像中分别记录,而从 X 处反射回波的两个脉冲,却在距离向发生重叠,使两个脉冲分不开,在图像中只作为一个大脉冲记录,显示为一个目标。由此可见,合成孔径雷达的距离向分辨率在小入射角(大天线俯角)时差,大入射角时(小天线俯角)则分辨率高。地距与斜距几何关系图见图 3-16。

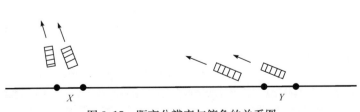

图 3-15　距离分辨率与俯角的关系图

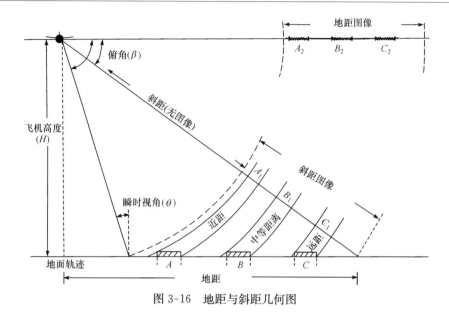

图 3-16 地距与斜距几何图

3.2.3 分辨率表示方法

合成孔径雷达图像分辨率的表述有两种形式,一种是在雷达系统设计中以一个点目标的冲击响应函数左右各降低 3dB 后的脉冲宽度所对应的地面上两点之间的最小距离(见图 3-17),此种方法测量的精确度高;另一种是在雷达图像中,可分辨出地面上两点(通常使用与波长相对应的角反射器进行测量)成"花生"状的最小距离(见图 3-18),此种方法相对第一种方法测量的精确度低,工作量大,但可以满足检测 SAR 图像分辨率的要求。

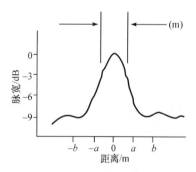

图 3-17 分辨率表示方法 1

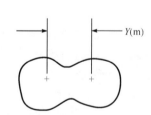

图 3-18 分辨率表示方法 2

3.2.4 SAR 分辨率验收

合成孔径雷达分辨率的检测验收分多种方法,本书特指在定标场进行相应波段分辨率角反射器摆放成像后进行的图像分辨率判读解译验收。

1. 角反射器布设样式

合成孔径雷达分辨率的检测通常是选在符合定标检测的开阔场地（定标场）进行的,并按不同的波段、分辨率、成像雷达的俯角,选择具有不同尺度的角反射器在互不干扰的情况下按距离向、方位向成对进行配置摆放,成像检测 SAR 的图像空间分辨率。

合成孔径雷达分辨率检测靶标(多为金属质三面角反射器)布设样式通常有两种。一种为斜线式布设,一种为直线式布设(见图 3-19～图 3-21)。所谓斜线布设与直线布设是针对飞行器航迹而言,直线式布设是指分辨率距离向或方位向靶标布设与航迹线平行或垂直,斜线式布设是指分辨率距离向或方位向靶标布设与航迹线成一定角度(多为 30°～60°),而非平行或垂直。直线式布设多为距离向与方位向分列布设,斜线式布设多为距离向与方位向交替布设(即距离、方位、距离、方位交替布设)。无论哪种布设,分辨率靶标的开口中心方向均指向雷达入射波方向,且角反射器的中心指向与入射雷达波平行。航空 SAR 通常多采用斜线式布设,此种布设方式靶标反射回波相互干扰小,且每对靶标的入射角是不一样的,可同时检测不同距离方位雷达图像的距离向与方位向分辨能力。

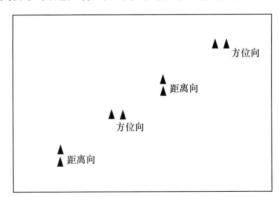

图 3-19　SAR 分辨率靶标(角反射器)斜线式布设样式图

2. 角反射器布设条件及方法

SAR 图像可分为模拟信号图像(胶片型,早期的合成孔径雷达)和数字信号图像(传输型,当前普遍使用的合成孔径雷达),由于模拟信号图像的时效性远不如数字信号图像,且处理方法和处理过程繁杂,现已基本不用。两种图像的记录方式不同,但其分辨率的检测验收的方法基本是相同的。

按照美国航空 SAR 图像分辨率验收标准和验收条件,无论采用哪种分辨率靶标布设和成像方式,分辨率靶标场(定标场)及图像分辨率检测要求为:

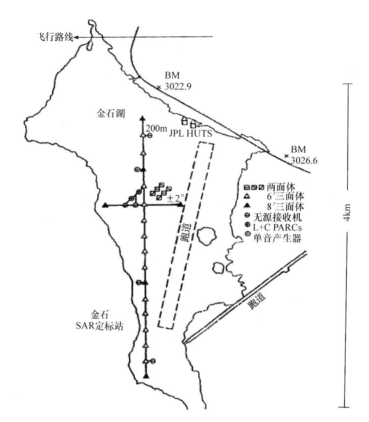

图 3-20　美国加利福尼亚州金石湖 SAR 分辨率靶标直线式布设图

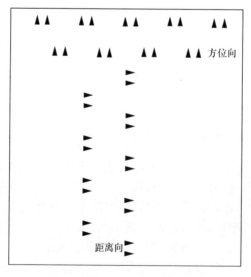

图 3-21　SAR 分辨率靶标(角反射器)直线式布设样式图

（1）图像分辨率定标场布设地域应相对平整,无大的噪声源,但应有一定量的颗粒粗糙度（相对波长而言）的地物,即有一定的噪声源。

（2）分辨率靶标应平布设在地面,而不应高出地面,以减少雷达波的多次反射而造成的噪声。

（3）分辨率靶标布设时其中心指向应与雷达俯角相一致,即角反射器的底面与地面的夹角与雷达天线的俯角相同,以获得最大能量的反射回波。

（4）每对分辨率靶标布设间距应不小于 SAR 分辨率的 5～6 倍,以减少各分辨率靶标对的相互干扰。

（5）成像后检测,分辨率靶标应分别出现在图像不同的距离向位置上（尤其是航空成像 SAR）,以检测雷达图像近距、中心及远距的分辨能力。

（6）图像上可分辨出位于不同地距（图像近距、中心及远距）分辨率靶标对个数总量之和应≥50%,方可认为 SAR 图像分辨率达到分辨率技术指标。

例如,航空 3m X 波段 SAR 分辨率模拟信号图像验收（飞机航高在 SAR 技术指标要求的航高范围内不同高度层）,航高 11000m,一次成像 4 个通道,幅宽收容 10 海里,采用斜线式布设三角形三面角分辨率靶标,每组靶标分为方位向、距离向各 2 对,即以方位向、距离向、方位向、距离向交替布设,每对靶标的布设间距为 20m。要求靶标布设场地有一定高度的杂草或一定颗粒度的碎石等,分辨率靶标分别在每个通道内成像（图 3-22 是布设在荒漠地区废弃的碎石机场跑道上成斜线式布设的分辨率靶标 SAR 图像）。飞行成像后共获得距离向（分别位于不同通道）靶标图像 8 个,方位向（分别位于不同通道）靶标图像 8 个。评价 SAR 分辨率能力时,如距离向靶标可分辨出 4 对或 4 对以上靶标,则距离向分辨率达标,同理方位向靶标可分辨出 4 对或 4 对以上靶标,则方位向分辨率达标。只有当 SAR 图像的距离向、方位向分辨率全部满足标准后,雷达方可完成分辨率验收。

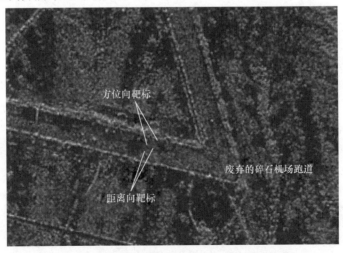

图 3-22　SAR 分辨率靶标斜线式布设样式图像

3. 不同分辨率图像

距离向分辨率和方位向分辨率共同构成了地面投影的分辨率单元。根据 Nyquist 采样定理,每个分辨率单元分别在距离向和方位向有两个取样点,在图像上,这些取样点被称为像元,所以每个分辨率单元有 4 个像元。图 3-23 是不同分辨率的同一地区 SAR 图像。

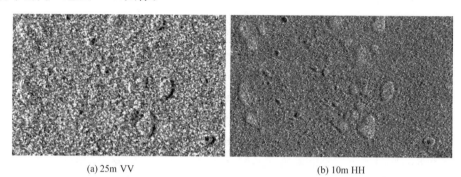

(a) 25m VV　　　　　　　　　　　　　　(b) 10m HH

图 3-23　不同分辨率的同一地区 SAR 图像

以下数幅 SAR 图像(见图 3-24~图 3-40)是不同波段、不同分辨率的图像,可供图像判读解译应用对比。

图 3-24　0.1m Ku SAR 小汽车图像

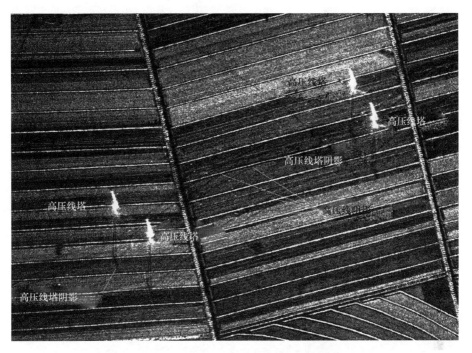

图 3-25　0.3m X SAR 高压输电线塔图像

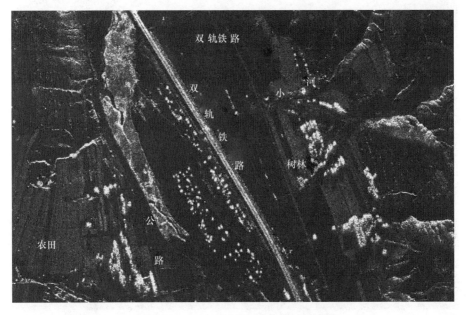

图 3-26　0.3m X SAR 铁路与公路图像

图 3-27　0.5m X SAR 线塔图像

图 3-28　0.5m X SAR 淡水养殖场图像

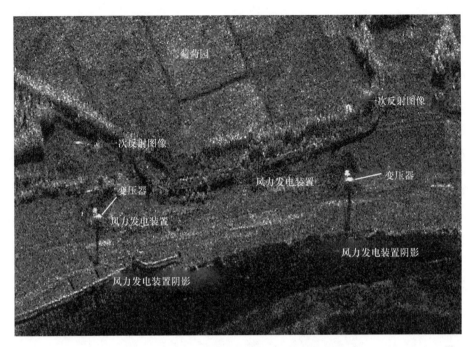

图 3-29 0.5m VV X SAR 风力发电装置图像

图 3-30 1m X SAR 电解铝厂图像

图 3-31　1m X SAR 油库图像

图 3-32　1m X SAR 船舶图像

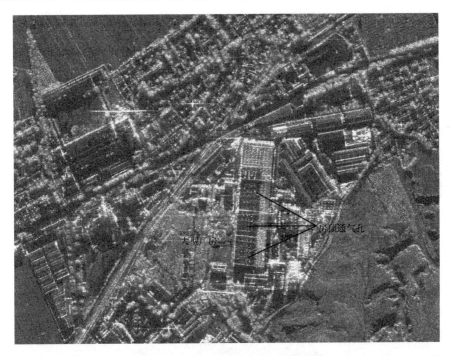

图 3-33　1m C SAR 大型厂房图像

图 3-34　3m L SAR 大型厂房图像

图 3-35　1m X SAR 高架公路桥图像

(a) 3m

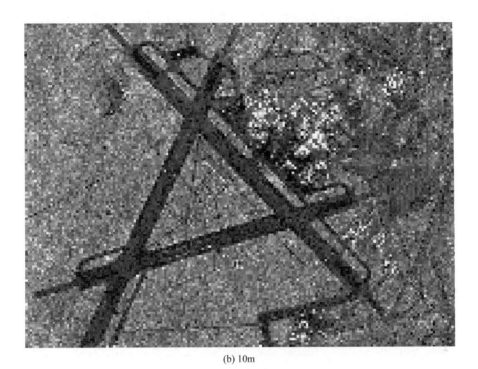

(b) 10m

图 3-36　不同分辨率 SAR 同一机场图像

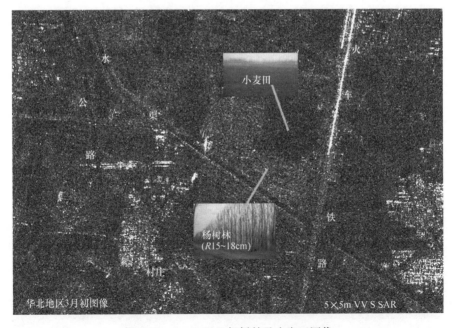

图 3-37　5m S SAR 杨树林及小麦田图像

桥梁反射图像

图 3-38　6m X SAR 桥梁图像

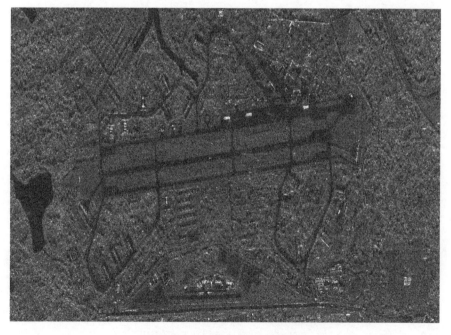

图 3-39　6m X SAR 机场图像

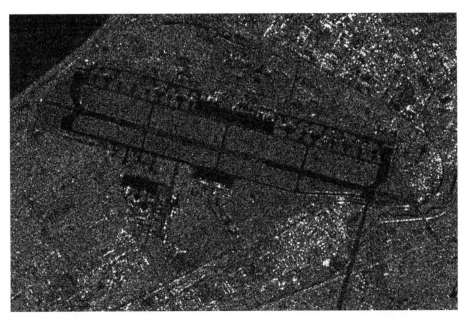

图 3-40　9m C SAR 机场图像

4. 分辨率与识别目标的关系

图像分辨率是图像目标识别的重要因素。通常将 SAR 图像地物与目标判读解译分为四个档次：一是可发现某地物或目标，二是可识别某地物或目标，三是可确认某地物或目标，四是可详细描述某地物或目标。

航空和航天遥感成像设备对地面地物与目标能够辨析的程度称为地面分辨率（亦称空间分辨率）。通常以能够分析辨别出的最小地物的长度和宽度表示，以 m 为单位。当前诸多航空和航天成像遥感设备多为传输型数字成像，其分辨率性能指标所称的分辨率是像元分辨率，而非地面分辨率。地面分辨率与像元分辨率有一相对应的关系，通常图像地面分辨率：

$$SAR\ 图像地面分辨率\ =\sqrt{2}像元分辨率$$

$$可见光图像地面分辨率\ =2\sqrt{2}像元分辨率$$

图像分辨率的高低与识别地物与目标的能力成正比关系，即图像分辨率越高，对地物与目标的识别能力越强（在成像诸因素相同情况下）。如图 3-41、图 3-42 所示，相同地物与目标在不同分辨率示意图像中，所占像元数量是不同的，因此不同分辨率的 SAR 图像对地物与目标的识别能力是不一样的。从图 3-43 中可以发现，不同的分辨率 SAR 图像，同一地物与目标的反射回波是不一样的，在 SAR 诸多条件一定的情况下，分辨率越高，反射回波的数量越多，对目标的细节反映的越清晰，判读解译人员对目标的判定则越准确。图 3-44 和图 3-45 是不同波段、不同分辨率的 SAR 图像,可用于 SAR 图像分辨率对地物与目标判读解译的影响加深理解与参考。其他图例见图 3-46～图 3-53。

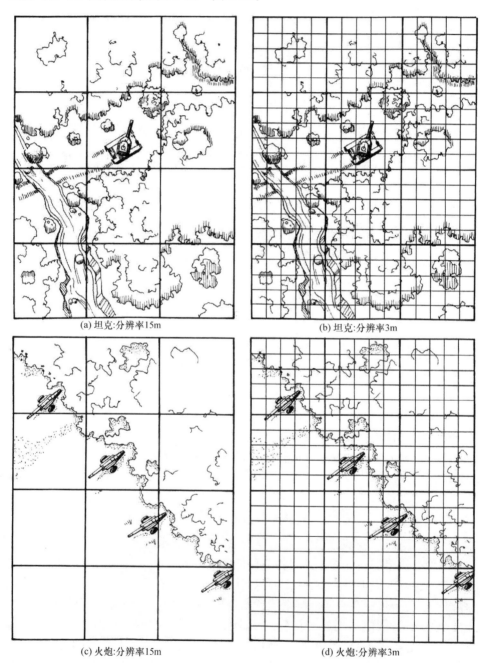

(a) 坦克:分辨率15m　　　　　　　　(b) 坦克:分辨率3m

(c) 火炮:分辨率15m　　　　　　　　(d) 火炮:分辨率3m

图 3-41　坦克、火炮同一目标在不同分辨率 SAR 图像中所占像元对比图

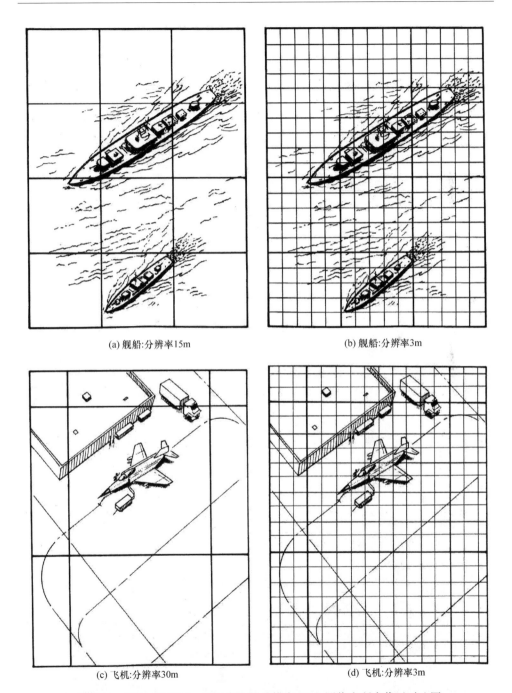

(a) 舰船:分辨率15m

(b) 舰船:分辨率3m

(c) 飞机:分辨率30m

(d) 飞机:分辨率3m

图 3-42   舰船、飞机同一目标在不同分辨率 SAR 图像中所占像元对比图

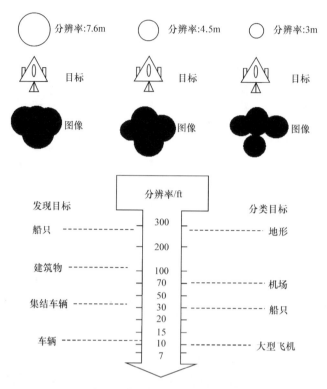

图 3-43　雷达分辨率对目标成像及分类示意图

图 3-44　不同分辨率城铁编组站 SAR 图像

图 3-45　不同分辨率在建大型钢架结构建筑物 SAR 图像

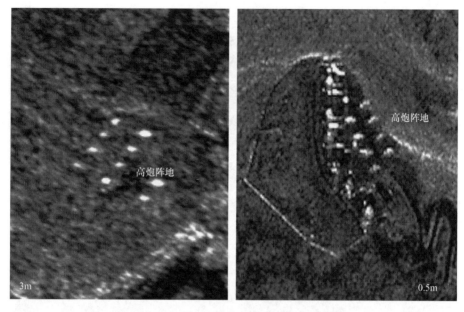

图 3-46 不同分辨率高炮阵地 SAR 图像

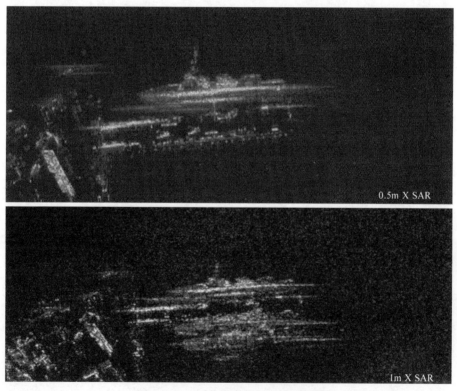

图 3-47 不同分辨率舰船 SAR 图像

图 3-48　X SAR 不同分辨率坦克图像

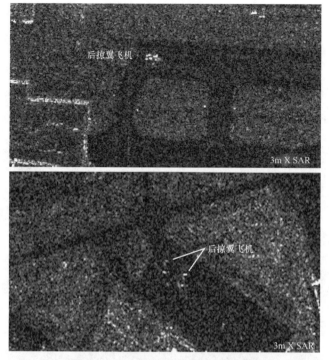

图 3-49　3m X SAR 后掠翼飞机图像

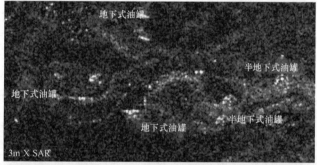

图 3-50　油罐 X 波段不同分辨率 VV SAR 图像

图 3-51　不同舰船目标 1m X SAR 图像

图 3-52　不同舰船目标 9m C SAR 图像

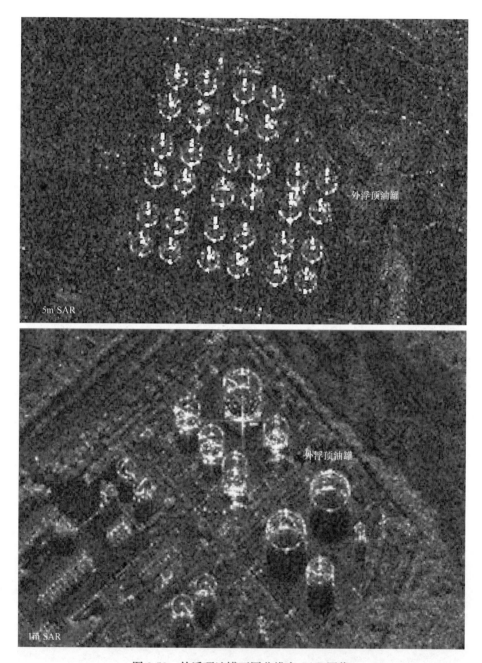

图 3-53　外浮顶油罐不同分辨率 SAR 图像

3.3　SAR 图像的透视收缩

合成孔径雷达系统是一种侧视雷达传感器,其雷达波照射方向垂直于航线方向。由于 SAR 图像在交轨方向是通过时间进行度量的,该时间决定于雷达到地面点的直接距离(斜距),因此 SAR 图像存在三种(透视收缩、叠掩现象和雷达阴影)固有的几何失真。这种失真是由斜距和水平地面距(地距)之间的差异造成的。

3.3.1　SAR 透视收缩机理及条件

对于 SAR,由于地面局部地形与光滑表面有区别,在 SAR 图像中产生了相对于实际地面尺寸的附加几何失真。当局部地形倾角 α 小于入射角 η 时,雷达图像上量得的地面斜坡长度比实际长度短,这种现象被称为透视收缩现象(见图 3-54)。

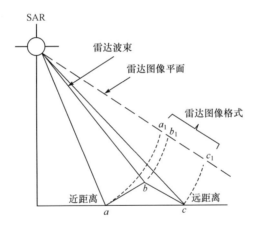

图 3-54　雷达图像透视收缩示意图

当雷达波束到斜坡的顶部、中部和底部的斜距分别为 R_T、R_M 和 R_B,由于 $R_T > R_M > R_B$,雷达波束先照射到坡底,然后才照射到坡顶,坡底先成像,坡顶后成像,该斜坡的斜距显示在图像上的距离为 ΔR_1,ΔR_1 显然小于坡长 L。因此,斜坡的长度在图像上被缩短了(见图 3-55)。

当 $R_T = R_M = R_B$ 时,坡顶、坡腰和坡底成像为同一点(见图 3-56)。

当对局部地形倾角 $\alpha \geq \eta$ 的陡地形时,雷达图像将出现叠掩现象。如图 3-57 所示,在山的顶部存在的叠掩比在山底的斜距更近。在这种情况下,山的图像会严重失真。

当 $R_T < R_M < R_B$ 时,则山顶的像在图像中出现在山底的像之前(见图 3-58)。

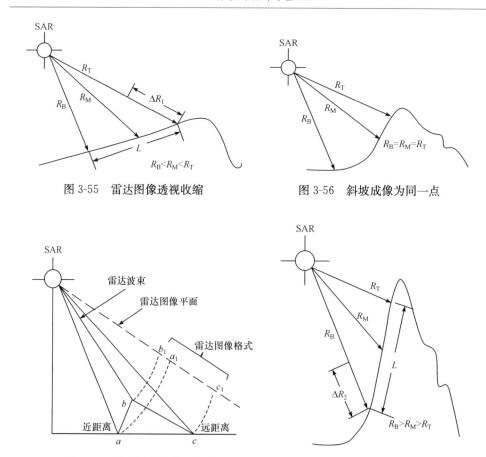

图 3-55　雷达图像透视收缩　　　　　　　图 3-56　斜坡成像为同一点

图 3-57　雷达图像叠掩示意图　　　　　　图 3-58　斜坡成像叠掩

3.3.2　雷达透视收缩图像示例

由 SAR 成像机理引起的雷达图像的透视收缩现象,有别于其他遥感成像手段,尤其是高出地面的地物与目标和山地,雷达图像的透视收缩现象尤为突出。

图 3-59～图 3-61 为同一地区的雷达与可见光图像,可有助于对雷达图像透视收缩现象的理解。从图像中可以发现,由于雷达图像的透视收缩,朝向入射雷达波方向的山坡长度变短(压缩),背向入射雷达波方向的山坡长度变长(拉长),但山地的整体面积并未发生变化,而平坦地貌、道路及不太高的房屋未出现较大的变化。雷达图像的透视收缩现象是图像判读解译人员尤为需要注意的一种现象。由于这一现象,在判读解译山地目标时,尤其是在量测山坡的长度及位于山坡上的地物与目标的几何尺寸时,应充分考虑雷达图像的这一特性,减少不必要的错误。

图 3-59　小山成像透视收缩雷达图像

图 3-60　斜坡 SAR 成像透视收缩雷达图像

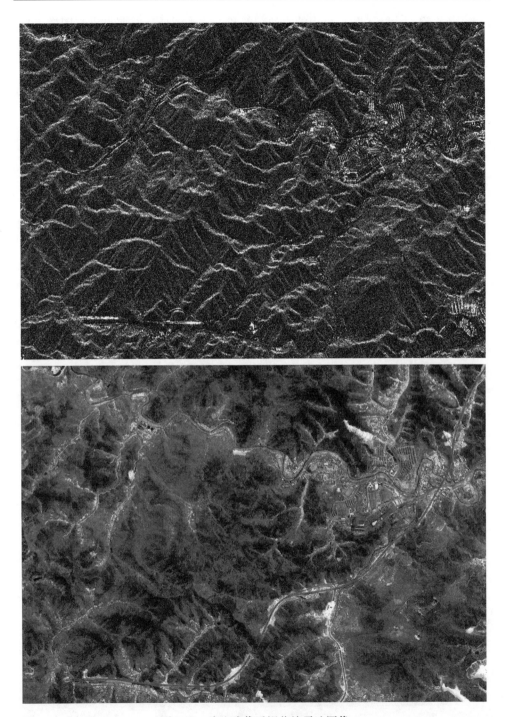

图 3-61　小山成像透视收缩雷达图像

　　图 3-62、图 3-63 为一小山的雷达图像和可见光图像。对照可见光图像,可以清楚地看到小山的雷达图像与相对应的可见光图像有明显的差别,尤其是朝向入射雷达波的山坡,可见该小山在雷达图像中的透视收缩现象是相当严重的。

图 3-62　小山成像透视收缩雷达图像(一)

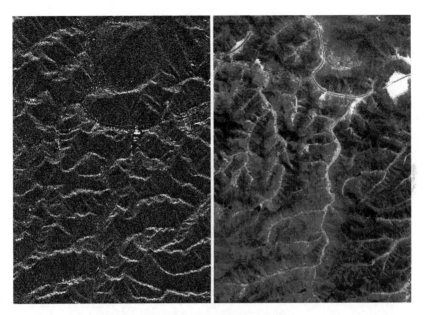

图 3-63　小山成像透视收缩雷达图像(二)

3.4　SAR 图像叠掩

3.4.1　SAR 图像叠掩机理

　　雷达是一测距系统,离雷达天线近的地物与目标的反射回波先被雷达接收到,离雷达天线远的地物与目标的反射回波后被雷达接收到。由于合成孔径成像雷达的这一特性,当地物与目标高出地平面时,地物与目标的顶部比底部更接近合成孔径成像雷达天线,因此地物与目标的顶部反射回波先于底部被雷达接收到并成像。由于电磁波是呈圆形向四周辐射,则山顶 D 与地面 C 同时成像在 D' 点,相当于在 C 点的像,山腰 E 的成像在 E' 点,相当于在 F 点的像,山底 O 的图像在 O' 点,D'、E'、O' 为斜坡 D、E、O 的像,即高出地面的地物与目标的顶部先行成像并掩盖了低矮的地物与目标(见图 3-64)。这种现象在合成孔径成像雷达中称为叠掩。

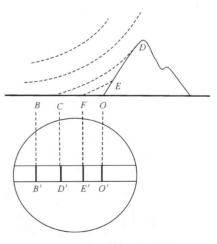

图 3-64　图像叠掩形成示意图

3.4.2　雷达叠掩图像示例

雷达叠掩现象多出现在高大建筑物及高山峻岭的成像之中,尤其是超高建筑物与陡峭的山峰,在雷达成像中尤为突出明显。图 3-65～图 3-74 是城市建筑物和山岭在 SAR 成像图像中的叠掩现象图像。雷达图像叠掩现象可造成一部分地物与目标被遮盖,影响对叠掩这部分地物与目标的判读解译,但对城市内的高层建筑物的建筑样式、高度差可一目了然。

图 3-65　高大建筑物 SAR 成像叠掩现象图像(一)

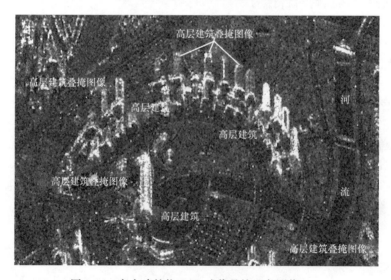

图 3-66　高大建筑物 SAR 成像叠掩现象图像(二)

图 3-67　高大建筑物 SAR 成像叠掩现象图像(三)

图 3-68　高大建筑物 SAR 成像叠掩现象图像(四)

图 3-69　高大建筑物 SAR 成像叠掩现象图像（五）

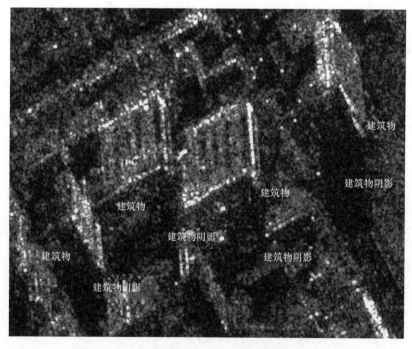

图 3-70　高大建筑物 SAR 成像叠掩现象图像（六）

图 3-71 通信天线 SAR 成像叠掩图像

图 3-72 高压线塔 SAR 成像叠掩图像

图 3-73　山峰斜坡 SAR 成像叠掩图像(一)

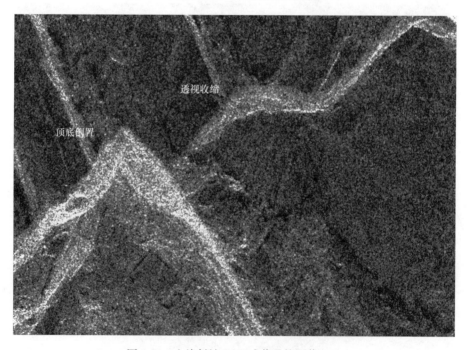

图 3-74　山峰斜坡 SAR 成像叠掩图像(二)

3.5　SAR 图像阴影

3.5.1　SAR 阴影生成机理

当地物与目标局部以一个大于或等于发射波形的入射角($\alpha^- > \gamma$)的角度向雷达倾斜时,雷达图像就会出现阴影(见图 3-75)。

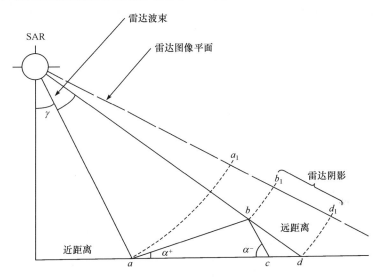

图 3-75　图像阴影的形成示意图

山峰和高大目标的背面(对雷达入射波而言)照射不到微波能量(雷达盲区),故无雷达回波,则在图像相应位置上出现暗区,即为雷达阴影。图 3-76 中,X、Y 为阴影区。可参见以上多幅山区及建筑物、树林等形成的阴影雷达图像(见图 3-65~图 3-74)。

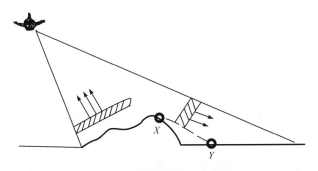

图 3-76　图像阴影的形成图

3.5.2 影响 SAR 阴影的条件

雷达阴影的大小与目标在雷达波束中所处的俯角范围及背坡的坡度角有关。图 3-77 中，当 $\alpha_b < \beta$ 时，背坡整个部分都被雷达波照射到，不会产生阴影（见图 3-78）。当 $\alpha_b = \beta$ 时，波束正好擦着后坡，如后坡稍有起伏，部分会产生阴影（见图 3-79）。当 $\alpha_b > \beta$ 时，整个背坡就照射不到雷达波束，则产生阴影（见图 3-80）。可见雷达阴影与 β 角和 α_b 角有关，在 α_b 角相同的目标其雷达阴影的大小与俯角 β 有关，β 角越小，阴影越长。

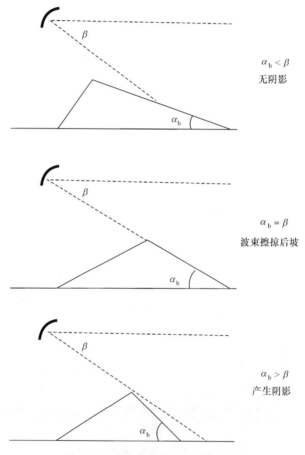

图 3-77　背坡角对雷达图像的影响

图 3-80 中标注 1 和 2 的山坡处，标注 1 的山坡坡度角 α_b 小于雷达俯角 β 或 α_b 角接近 β 角，故此处的山坡有雷达回波，而标注 2 的山坡坡度角 α_b 大于雷达俯角 β，则此山坡无回波反射，则产生了阴影。

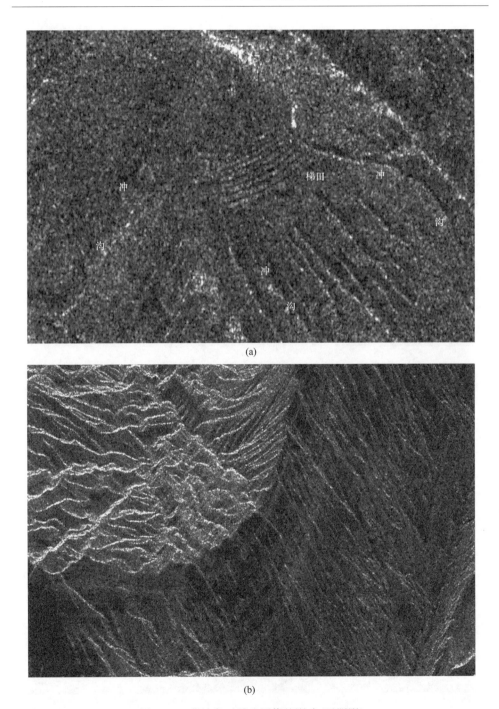

(a)

(b)

图 3-78　背坡角对雷达图像的影响(无阴影)

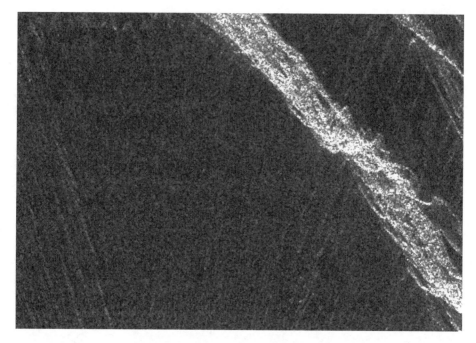

(a)

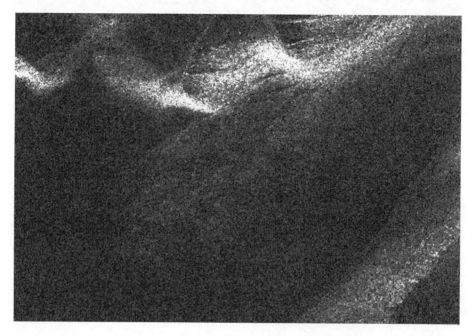

(b)

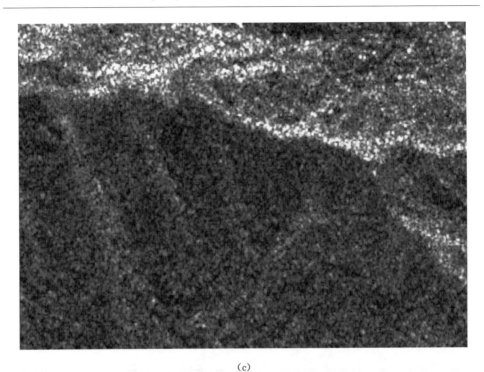

(c)

图 3-79　背坡角对雷达图像的影响(擦掠后坡)

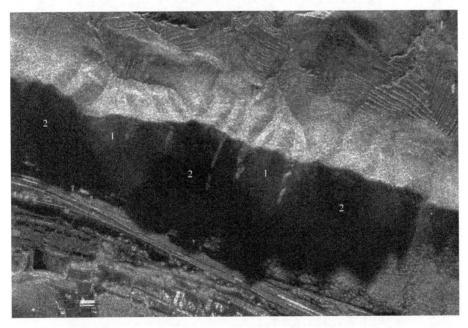

(a)

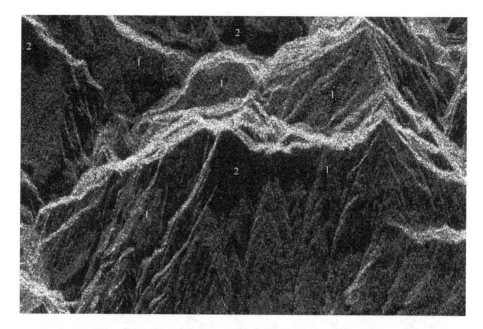

(b)

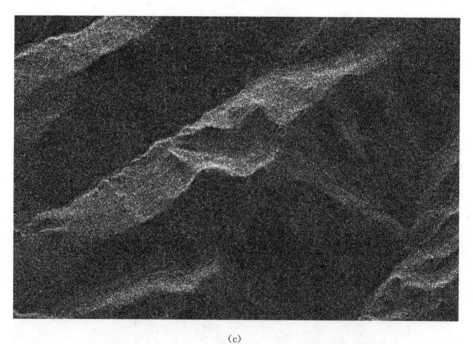

(c)

图 3-80　背坡角对雷达图像的影响(产生阴影)

1. 波束擦掠后坡图像；2. 阴影图像；3. 雷达叠掩现象图像

3.5.3　SAR 阴影图像示例

　　地物与目标阴影在雷达图像中呈黑色,易与平整的路面、水面等地物与目标相混淆,如图 3-81 和图 3-82 所示,高山与桥梁的阴影与水面成一样的无反射回波的黑色,在图像中很难区分高山与桥梁的阴影还是水面,是雷达图像判读解译应十分注意的一个问题。图 3-83～图 3-87 是各种地物与目标的阴影图像,可用于对雷达图像阴影的理解与认识。但地物与目标阴影在图像地物与目标解译中的作用同可见光图像一样,也是雷达图像地物与目标判读解译的一个识别特征。

　　雷达图像的阴影,可充分显现地物与目标的很多细节,可为判明地物与目标的性质提供充分依据。图 3-88～图 3-90 中树木的阴影,其阴影可较好地反映出树干及树冠的形状,结合相关资料可区分树种及其长势。从图 3-91 中可以发现,建筑物阴影 1、2、3、4 的长度各不相同,其中 3 最短,2、4 长度相同且最长,从而可以推断出建筑物 2、4 高度最高且相同,建筑物 3 最矮,建筑物 1 的高度介于 3、4 之间。

图 3-81　SAR 图像山峰阴影

图 3-82   SAR 图像铁路桥阴影

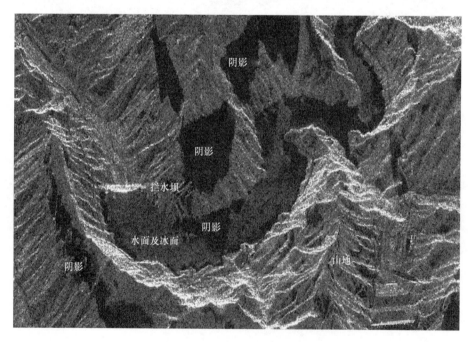

图 3-83   SAR 图像山地阴影

图 3-84　SAR 图像山丘阴影(一)

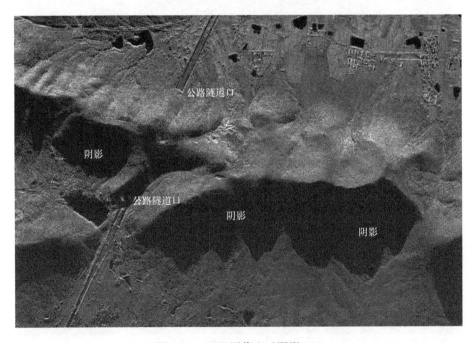

图 3-85　SAR 图像山丘阴影(二)

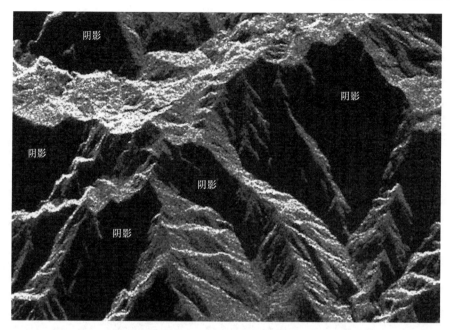

图 3-86　SAR 图像山地阴影

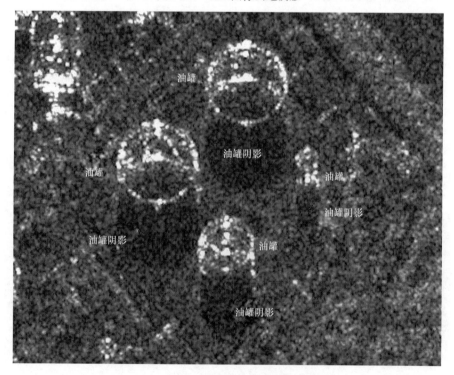

图 3-87　SAR 图像油罐阴影

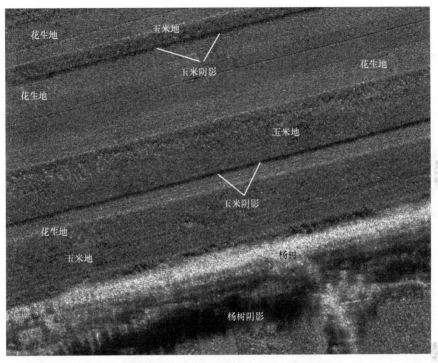

图 3-88　SAR 图像杨树及柳树阴影

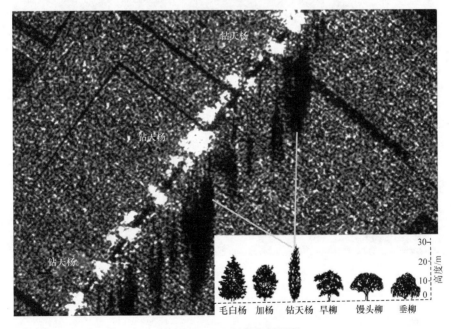

图 3-89　SAR 图像杨树阴影

图 3-90　SAR 图像杨树及柳树林阴影

图 3-91　SAR 图像建筑物阴影

3.6　SAR 图像方位向、距离向模糊

SAR 卫星信号模糊是指除观测的有用信号之外,还存在着非人为干扰的杂散回波信号(模糊信号)与有用回波信号的混叠,从而形成图像中的虚假目标。模糊的现象可以分为距离模糊和方位模糊。受 SAR 天线旁瓣抑制能力的限制,当场景动态特别大时(主要为海陆交界和水面上),会出现方位模糊现象,在图像上表现为"鬼影"(虚假目标)。图像中出现模糊现象,多是在背景较弱的区域,表现为虚假目标图像叠加在正常回波图像上,尤其是海陆交界地物变化非常剧烈处。该问题很容易造成对目标的误判和漏判。国内外 SAR 卫星都有过不同程度的模糊现象,且 X 波段的模糊现象比 L 波段模糊现象更严重。

此外,由于 MGC 设置不合理,使得回波信号过强或过弱,没有处于接收机的最佳接收范围,过饱和或欠饱和都导致数据量化位数不能充分利用,在图像上表现为信噪比低、灰度层次没有拉开,影响了最终的图像质量。

雷达系统设计的一个关键点是天线子系统。天线增益正比于其面积,天线距离向(W_a)和方位向(L_a)的尺寸决定了 3dB 波束宽度,反过来它们会影响方位向分辨率和距离向的成像宽度。天线波束的形状,特别是其旁瓣特性,对雷达系统的性能是非常重要的。特别是对星载 SAR,模糊噪声是重点考虑的因素之一。

3.6.1　方位向模糊

方位向模糊是由某个 PRF 对方位向频谱进行有限采样造成的。观测带宽度内各方位分辨单元在某些角度上的目标场景(模糊区)多普勒频谱与方位向主波束内(目标区)多普勒频谱相差脉冲重复频率 PRF 的整数倍时,产生模糊信号与目标信号的频域混叠,在方位向处理频带(B_p)内,频域混叠所引入的方位模糊信号强度 $S_a(f_d)$ 与目标观测单元内图像强度 $S_i(f_d)$ 之比,称为方位模糊度(AASR)。

如图 3-92 所示,对条带模式 SAR 来说,由于在成像过程中天线方位向波束的指向不发生任何改变,所以地面上相同斜距不同方位向位置的目标,其经历的天线方位向方向图照射的过程都是相同的,即先是方向图的副瓣照射,然后进入主瓣照射区,再离开主瓣进入副瓣照射区,因此,雷达与成像区域中目标 σ 的相对运动就可以等效为天线方向图与目标 σ 之间的相对运动,方位模糊特性就表现为模糊区回波能量总和与点 σ 的回波能量之比。为了方便地测量方位模糊,通常把在方位向处理器带宽内,模糊噪声与雷达成像回波信号之比称为方位模糊度。

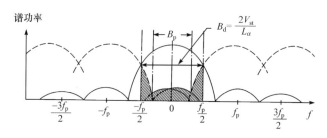

图 3-92　沿航迹向模糊说明图

　　若想降低方位模糊,最本质的方法是采用方位向低副瓣天线技术。受到卫星运载能力限制和成本因素,目前采用有源相控阵体制的星载 SAR,难以做到低副瓣。因为 SAR 有效载荷天线的方位向采用"线阵"方案,降低天线密度,从而减轻天线重量,降低制造工艺难度,节约研发成本,但却难以实现低副瓣。因此,通常通过调整分辨率和观测带宽的比例关系,来获取相对较好的模糊度。

　　方位向模糊与波长和分辨率相关。相同分辨率下,如果波长越短,则合成孔径照射范围越小,从而天线副瓣照射区域主瓣照射区的间隔较小,方位模糊区内目标距离历程与主区内距离历程的差异较小,也即模糊区内的信号也能够得到比较有效的聚焦效果,从而使其在图像中体现得更明显。相反,同样分辨率下,如果波长越长,则模糊区内信号散焦比较严重,强点目标能量不能得到有效聚集,从而在图像中体现不明显。同理,波长一定的情况下,如果分辨率提高,则聚焦函数对距离历程的差异更加敏感,从而模糊区能量散焦比较严重,在图像中不易体现。因此,在高波段较低分辨率下,方位模糊通常比较严重。

　　此外,成像处理时中心频率的误差也会导致方位模糊的恶化。当成像采用的中心频域与实际的中心频率存在较大的偏离时,处理带宽内的信号并不位于主瓣能量最强的部分,而是存在偏移;同时模糊区也会有相应的偏移,可能会进入能量较大的范围,从而使得模糊更加严重(见图 3-93)。此时,方位向两侧的模糊强度通常不一致,一侧模糊会比另一侧强。如图 3-93(b)所示,中心频率不正确时,左侧模糊区将更加严重。

　　通常在亮反射区域附近存在暗区域时,方位模糊(也称沿航迹向的模糊)将显现得较为明显。例如,当旁瓣内有极强的目标(如桥梁)而同时主波束又在无回波反射的目标上(如湖面),则在实际目标的一侧或两侧可能出现一个回波反射较弱的虚假目标图像,见图 3-94～图 3-101。

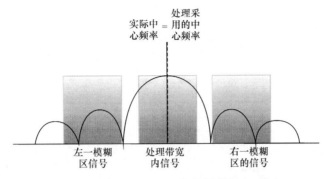

(a) 处理用的中心频率正确时的模糊区示意图

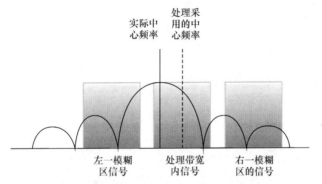

(b) 处理用的中心频率不正确时的模糊区示意图

图 3-93　处理采用的中心频率不正确导致方位模糊严重示意图

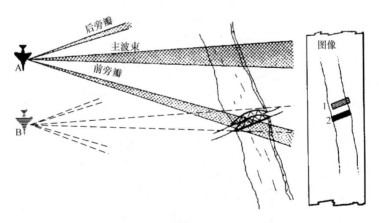

图 3-94　沿航迹向模糊说明图

1. 前旁瓣形成的虚假目标；2. 主波束形成的实际目标图像

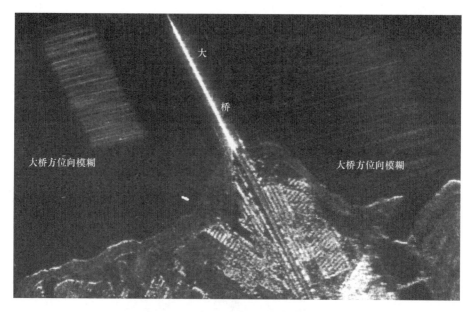

图 3-95　沿航迹向模糊雷达图像(一)

图 3-96　沿航迹向模糊雷达图像(二)

图 3-97　沿航迹向模糊雷达图像(三)

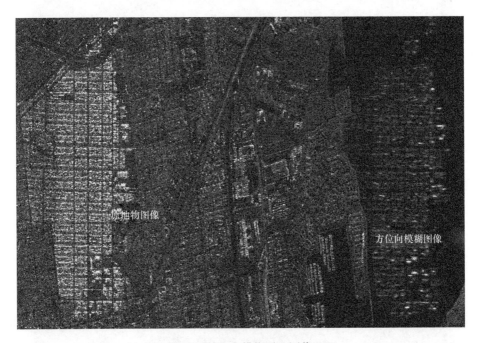

图 3-98　沿航迹向模糊雷达图像(四)

图 3-99　沿航迹向模糊雷达图像（五）

图 3-100　沿航迹向模糊雷达图像（六）

图 3-101　沿航迹向模糊雷达图像（七）

3.6.2 距离向模糊

距离模糊是主要由与所需回波同时到达天线的前一个或后一个脉冲的回波造成的。观测带宽度内各距离向分辨单元由于一些区域(模糊区)的回波时延(超前或滞后于观测带内的目标回波时延)与目标区观测带内的回波时延相差脉冲重复周期的整数倍,使模糊信号与目标信号同时到达 SAR 天线的相位中心,产生时域混叠。同时到达的距离向模糊信号强度与目标观测单元图像强度之比,称为距离模糊度(RASR)。

从上述距离模糊形成机理,可以看出距离模糊现象是距离向观测带之外远端和近端的场景目标跟随前后不同的脉冲被雷达同时接收而产生的观测区域混叠现象。解决距离模糊的最本质方法也是距离向天线低副瓣技术。有幸的是目前有源相控阵星载 SAR 天线在距离向是单元级分布,这种设计方案有利于低副瓣天线的实现,但因为压低了天线副瓣电平,会损失天线增益,最终降低图像灵敏度——虽然距离模糊度有改善,但是图像灵敏度会下降,这也从一个侧面体现了星载 SAR 折中设计的困难程度。

模糊图像多出现在沿航迹方向,但在条件适中情况下,距离向也可出现模糊图像,称为距离向模糊。距离模糊是由于与所需回波同时到达天线的前一个和后一脉冲的回波造成的(见图 3-102),这种现象多出现于航空成像的图像中。

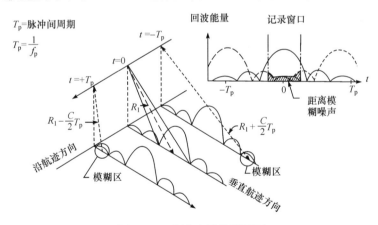

图 3-102 距离向模糊说明图

由于距离模糊区一般与成像主区有一定的距离,并不在本次成像范围内,也即并不像方位模糊那样在本图像中能够找到主像,因此,其甄别不像方位向模糊那么简单。由于距离模糊区与主区存在一定的距离,模糊区内的目标回波信号多普勒历程与主区是存在差别的,因此距离模糊区的图像也不能获得良好的聚焦。这一点可以用来判别图像中的目标是来自本次成像范围内的目标还是距离模糊。但是在高波段分辨率较低,且模糊区为山区等对散焦不是很敏感的区域,则往往不易辨别。必要时,可以根据 SAR 成像几何关系通过定位计算的方式,获得模糊区的位置,通过模糊区位置的实际地物与 SAR 图像中疑似距离模糊的影像对比来甄别。图 3-103 中,通过疑似模糊区的定位分析与比对,可以判定原图中太湖区域内的影像为距离模糊所致。

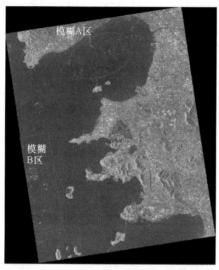

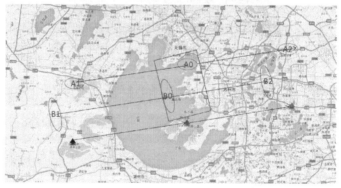

图 3-103　SAR 距离模糊图像及其模糊区定位分析

3.6.3　极化与模糊图像示例

由于 SAR 成像采用的极化方式不同,入射雷达波照射到地物与目标后将产生不同能量的反射回波。在入射雷达波能量相同的情况下,由于各种因素的影响,雷达接收机接收到的回波信号将产生一定的衰减。但由于不同极化波的反射特性不同,同极化波(HH、VV)的衰减通常小于不同极化波(HV、VH)的衰减。所以,不同极化方式对同一地物与目标成像,会生成不同反射回波强度的图像。同样由于强反射回波地物与目标会产生方位向与距离向的模糊图像,但由于极化方式的不同,产生的模糊图像的强度也是有一定区别的,通常同极化的模糊图像信号强度大于交叉极化的模糊图像信号(见图 3-104、图 3-105)。

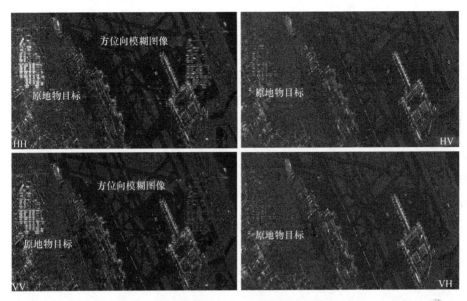

图 3-104　多极化 SAR 方位模糊雷达图像(一)

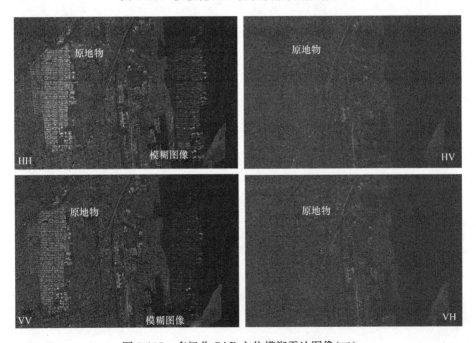

图 3-105　多极化 SAR 方位模糊雷达图像(二)

3.7　SAR 多次反射图像

3.7.1　多次反射图像生成机理

合成孔径雷达通过接收地物目标反射的雷达波来进行成像。如图 3-106 所示为一岸边的铁塔,它可以在许多方向反射雷达入射波能量,当雷达波束照射到铁塔 X 点时(见图 3-106(a)),其反射的雷达波能量将直接返回雷达,但由于雷达图像的叠掩效应(X 点与 Y 点到雷达天线的距离相等),X 点的图像将出现在 Y 点上。当雷达波照射到水面(见图 3-106(b)),雷达波将发生反射,再次照射到铁塔 X 点,此时 X 点的反射回波将经过同样的途径返回到雷达天线,从图中可以看出 X 点的反射回波与 U 点和 V 点的距离相同,则 X 点的图像将出现在 V 点上,即 X 点的图像出现在铁塔基座图像的后方。铁塔与水面(或光滑表面)构成二面角反射体,铁塔将在塔的底部生成一个点(见图 3-106(c)),即 X 点的投影点位上。因此,当铁塔高度大于雷达像元分辨率时,铁塔将出现三个或三个以上图像点(即 Y 点、V 点、X 投影点)。

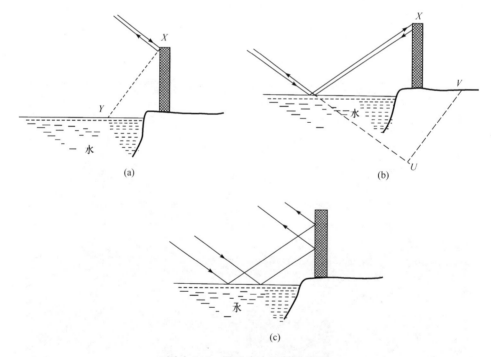

图 3-106　雷达多次反射说明图

3.7.2　SAR 多次反射图像示例

图 3-107 是某悬索式公路桥 SAR 图像。从图像中可以发现公路桥在水面上生成了二次反射图像,其成像在桥梁的垂直投影点上,造成桥梁图像的宽度远大于其实际宽度。

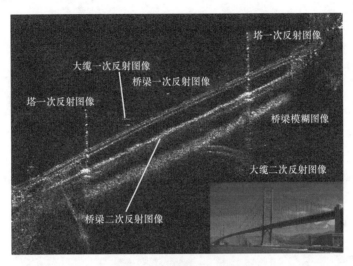

图 3-107　桥梁多次反射图像

图 3-108 是某悬索式公路桥 SAR 图像。由于公路桥桥面与河面有一定的高度差,图中公路桥生成了二次和多次反射图像,公路桥的引桥路堤和桥梁跨河段均出现了阴影,悬索桥桥塔和悬索桥大缆出现了顶底倒置现象,并产生了叠掩现象。

图 3-108　桥梁反射图像

　　图 3-109～图 3-114 为桥梁、高压输电线塔的反射图像例证,可供参考。在图 3-114 中,高压线塔出现了如同水面倒影一般的现象,该倒影应该来自高压线塔的三次反射,由于路径的差异,三次图像存在一定的散焦。

图 3-109　高压线二次反射图像(一)

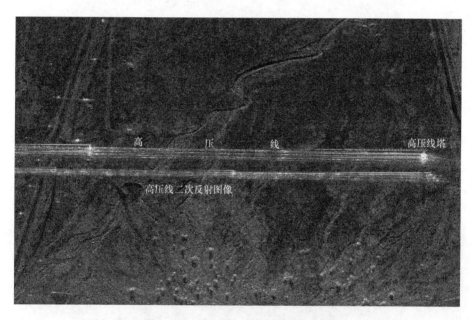

图 3-110　高压线二次反射图像(二)

图 3-111　桥梁多次反射图像(一)

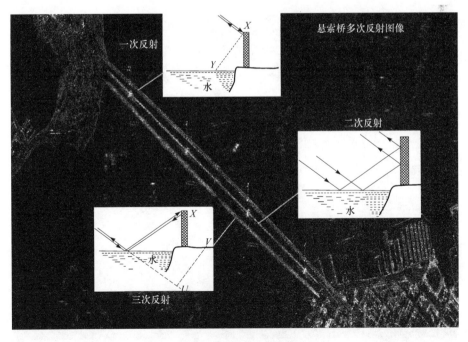

图 3-112　桥梁多次反射图像(二)

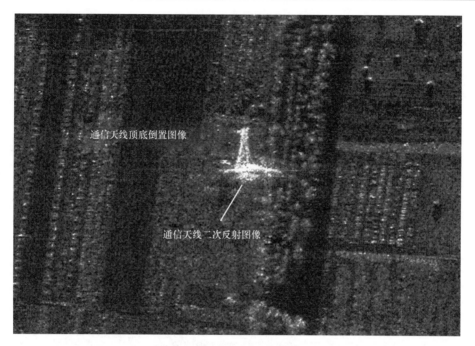

通信天线顶底倒置图像

通信天线二次反射图像

图 3-113　高压线塔反射图像(一)

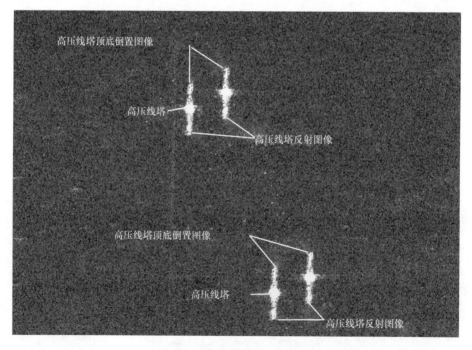

高压线塔顶底倒置图像

高压线塔

高压线塔反射图像

高压线塔顶底倒置图像

高压线塔

高压线塔反射图像

图 3-114　高压线塔反射图像(二)

第 4 章 地物特性及其与雷达波的相互作用

存在于地球表面上的各种地物与目标,均有一定的形状及质地。如建筑物多为长方形的砖混结构、钢筋混凝土结构、钢结构等,松树树冠多呈顶小底大的伞形。地球表面的各种地物与目标,由于其形状、结构、质地的不同,对入射雷达波将产生不同的作用结果,如漫反射、镜面反射、吸收等不同的现象,这一现象将直接影响到地物与目标在雷达图像中的成像结果。

4.1 电磁波与地表的相互作用

4.1.1 电磁波的反射及地表的相互作用

1. 电磁波的反射

电磁波是空间直线传播着的交变电磁场,是能量的一种动态形式,只有与物质相互作用时才能表现出来。当电磁波与物质相遇时,电磁波可能发生透射、吸收、折射、反射等现象,而由于电磁波所处环的不同,还可发生多次反射(见图 4-1)。

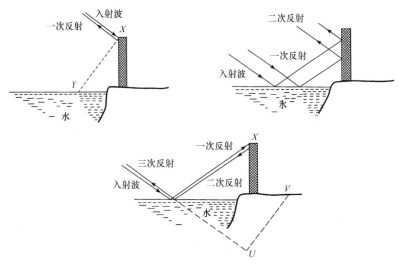

图 4-1 电磁波的反射示意图

2. 电磁波与地表的相互作用

反射波的特性(幅度、相位、极化)主要依赖于地物或目标的三个表面参数:

①介电常数;②粗糙度(高度起伏均方根差);③照射点斜度(即入射角)。

图 4-2 对电磁波与地物表面的相互作用进行了形象说明。波和表面的相互作用一般涉及散射,或者是面散射,或者是体散射。面散射被定义为从两个不同界面之间界面处的散射,如大气和地球表面。而体散射是由非均匀介质中的微粒引起的。

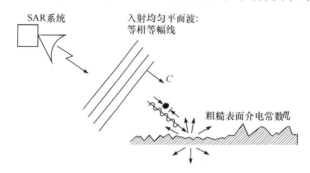

图 4-2　平面波和粗糙表面相互作用图

4.1.2　面散射

给定一个均匀介质(即无体反射),以相对介电常数 ε_r 为特征,如果表面粗糙度(相对于平滑表面的起伏的均方根差)与雷达波长相比是很小的,则散射机理是镜面的,在雷达图像中成镜面散射的地物目标呈现为均匀的黑色或深灰色(见图 4-3 和图 4-4)。在镜面散射中,入射波的反射和透射遵守折射定律,因此,给定波的入射角为 η,则能量的部分以角 η 反射,还有一部分以角 η' 折射,这里

$$\eta' = \arcsin(\sin\eta/\sqrt{\varepsilon_r})$$

图 4-3　湖面水体面散射机载 SAR 图像

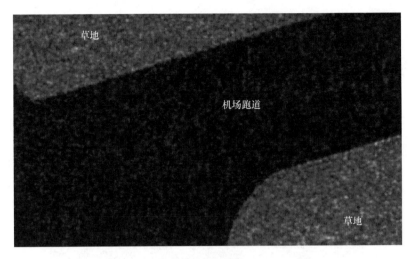

图 4-4　机场跑道道面散射机截 SAR 图像

航天飞机成像雷达(SAR-A)在利比亚沙漠区域成像中,由于该区域常年气候干旱少雨,造成地表无植被覆盖,表层下一层是 1～2m 深的颗粒细小且均匀的沙层,其下是第二代基岩层。从这个第二代基岩层的散射产生的几个雷达图像特征,在可见光波段成像是不明显的。干燥沙层的相对介电常数估计为 $\varepsilon_r=2.5$,而岩石层则有高得多的介电常数,$\varepsilon_r=8$,利用 $\eta'=\arcsin(\sin\eta/\sqrt{\varepsilon_r})$,当 $\eta=50°$时,则折射角估计为 $\eta'=29°$(见图 4-5)。从地下基岩层引起的散射产生相对上表沙层更强的信号(在雷达图像中呈白色或浅灰色),提供了被几十万年流沙埋没的古自然河道的细节图像。图 4-6 是浅埋于干燥沙漠地下的输油管道,由于浅埋的深度不尽相同,且沙漠的颗粒度及沙丘的形态不同,输油管道呈时隐时现的白色线状。

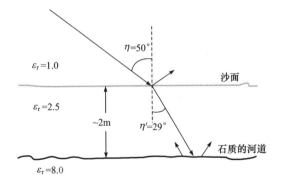

图 4-5　沙漠中地下干枯河道成像的散射机理图

图 4-6　沙漠中浅埋的地下输油管线 SAR 图像

4.1.3　布拉格散射

　　将镜面散射模型推广到轻度粗糙表面上,假定为均匀介质(非体散射),其均方根高度变化小于 $\lambda/8$,此时可使用布拉格模型来描述这种散射。布拉格模型认为主要的后向散射能量将产生于与入射波谐振的表面谱分量。因此对于用下式给定的表面变化模型:

$$\Lambda = n\lambda/(2\sin\eta), \quad n = 1, 2, 3, \cdots$$

将会生成强的后向散射回波。主要回波是对应于 $n=1$ 的波长。对于陡峭的入射角,散射通常是布拉格散射和镜面散射的组合(见图 4-7)。布拉格散射模型广泛用于植被稀少的稍粗糙地面散射。

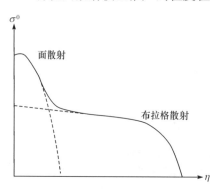

图 4-7　两种散射机理的实际
表面后向散射曲线

　　布拉格散射通常用于海面散射,由于水的介电常数较大,散射机理就是面散射。在 SAR 图像上,海浪呈现周期性带状,这是由于长波、中短波的空间变化,以及长波本身的轨道运动形成的。然而,由于布拉格模型对均方根(RMS)高度限制(即小于 $\lambda/8$),只有表面张力波或短的重力波呈现为布拉格响应,此种情况下生成的图像如图 4-8～图 4-10 所示。

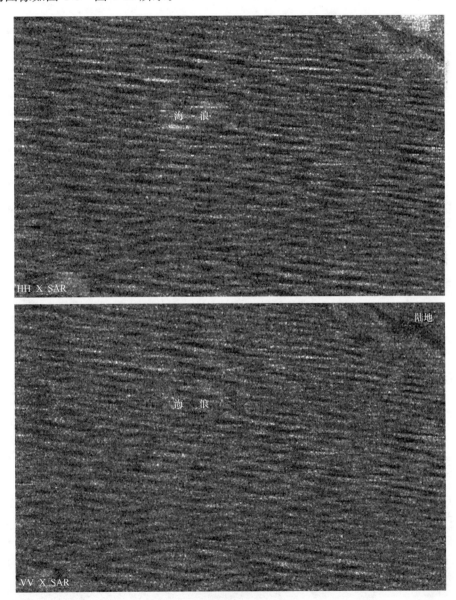

图 4-8　海浪散射 SAR 图像(一)

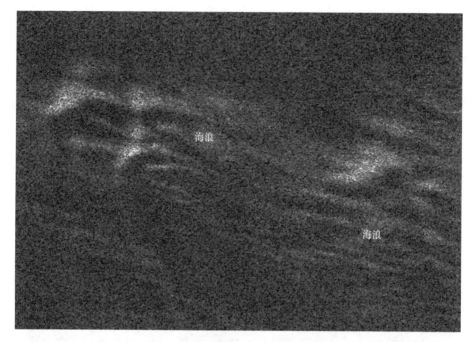

图 4-9　海浪散射 SAR 图像(二)

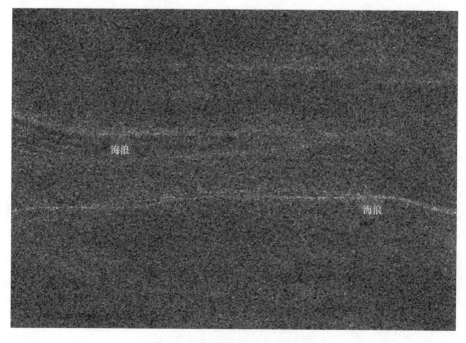

图 4-10　海浪散射 SAR 图像(三)

4.1.4　体散射

体散射是介电常数不连续引起的散射。布拉格散射所描述的目标范围是一般问题的特例,实际上更为复杂,大多数实际表面通常是非均匀构造的,在某些波长和某些条件下,电磁波可穿透到其内部。因此,实际地面的散射是面散射和体散射的合成。假定不连续点的位置和方向是随机的,那么入射波散射将是全向的。这样,入射波对雷达后向散射的部分将取决于非均匀层两种介质的相对介电常数,以及几何形状、密度和不均匀性的方向。

介质中散射特征的一个有用值是穿透深度。假定一束波入射在地面上,对应折射波衰减至层界面值 $1/e$ 时的深度为

$$\delta_p \approx \lambda \sqrt{\epsilon'}/(2\pi\epsilon'')$$

式中,相对介电常数是复数 $\epsilon_r = \epsilon' + j\epsilon''$,要使 $\delta_p \approx \lambda \sqrt{\epsilon'}/(2\pi\epsilon'')$ 有效,必须满足 $\epsilon''/\epsilon' < 0.1$。用公式 $\delta_p \approx \lambda \sqrt{\epsilon'}/(2\pi\epsilon'')$ 计算穿透深度时,在介质中的散射假定为忽略不计。

正如面散射一样,在体散射中雷达波波长、入射角起着重要作用,尤其是入射波的波长更显重要。在雷达波入射角等条件相同的情况下,波长越长穿透深度越深,图像中的地物体散射特征越明显。与布拉格散射谐振现象相类似,相对于波长的非均匀性大小和分布,决定了大部分后向散射能量,其生成的图像有很大区别(见图 4-11 和图 4-12)。

(a) HH C SAR　　　　　　　　　　　　　(b) HH L SAR

图 4-11　植被散射的波长相关性 SAR 图像

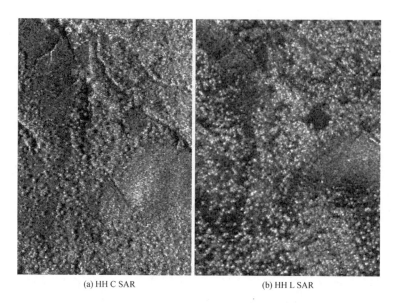

(a) HH C SAR　　　　　　　　　(b) HH L SAR

图 4-12　树木散射的波长相关性 SAR 图像

4.2　地物与目标表面粗糙度

在合成孔径雷达成像中,地物与目标的表面粗糙度通常是以入射雷达波的波长来度量的,即同样的表面粗糙度,在不同的波长成像时,其有效表面粗糙度的表现是不同的,波长越短,地物与目标的表面就显得越粗糙,反之就显得越光滑。波长通过两条途径影响回波信号的强度:一条是有效表面粗糙度,一条是介电常数。而同一地物与目标,不同波长时的介电常数不同,一般随频率的增加而增加(见图 4-13)。

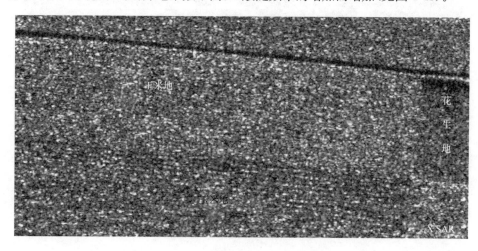

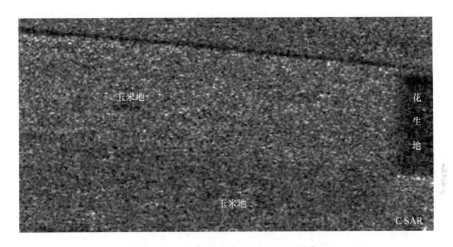

图 4-13　不同波段的农田 SAR 图像

　　地物与目标的表面粗糙度直接影响地物与目标的散射电磁波的空间分布,即影响回波能量的大小(见图 4-14、图 4-15),正在修建的高速公路的路基,由于入射雷达波的波长不同,高速公路路基的散射回波明显不同。而介电常数则影响地物与目标反射电磁波的能力和对地物与目标的穿透作用。

图 4-14　不同波段的高速路路基 SAR 图像

图 4-15　不同波段的机场 SAR 图像

4.2.1　地物表面粗糙度

通常把地物表面分成光滑和粗糙两类。瑞利准则指出：如果两条光线入射到地物的表面上，其反射光线的相位差小于 $\pi/2$ 弦度，则该表面被认为是光滑的，如图 4-16 所示。光线 1 和光线 2 同时入射到地面高度差为 h 的两个点上，其反射光线的高程差 $\Delta r = 2h \cdot \cos\theta$，相位差为 $\Delta\varphi = \dfrac{2\pi}{\lambda}\Delta r = \dfrac{4\pi h}{\lambda}\cos\theta$，则地物表面光滑的条件是

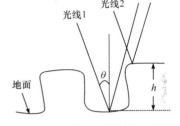

$$h < \frac{\lambda}{8\cos\theta}$$

图 4-16　瑞利准则的推导示意图

按照瑞利准则只能把地表分为光滑和粗糙两大类，而不能区分不同粗糙程度的表面，1971 年 Peake 和 Oliver 通过理论推导进一步修改了瑞利准则，其判断粗糙程度的条件是：

如果 $h < \dfrac{\lambda}{25\cos\theta}$，则地物表面是光滑的；

如果 $h > \dfrac{\lambda}{4.4\cos\theta}$，则地物表面是粗糙的；

如果 $\dfrac{\lambda}{25\cos\theta} < h < \dfrac{\lambda}{4.4\cos\theta}$，则地物表面是中等粗糙的。

由上述准则可知，地物表面的粗糙度与入射电磁波的波长 λ 和入射角 θ 有关。地物表面的光滑与粗糙是相对于入射电磁波的波长 λ 和入射角 θ 而言的，当地物表面光滑时，入射到其表面的电磁波产生镜面反射；否则会产生漫反射或方向反射。

地物表面粗糙度是描述地物几何大小的计量单位。它仅仅是指一个雷达分辨率单元之内表面的粗糙程度。Morain(1976)将合成孔径成像雷达测量的粗糙度划分为三类：小尺度粗糙度、中尺度粗糙度和大尺度粗糙度。稍粗糙（小尺度粗糙度）和中等粗糙表面（是影响图像纹理的主要因素），程度不同地散射和反射入射能量，后者的回波大于前者；非常粗糙表面（可为合成孔径侧视雷达提供立体效果），各向散射入射能量（见图 4-17、图 4-18）。

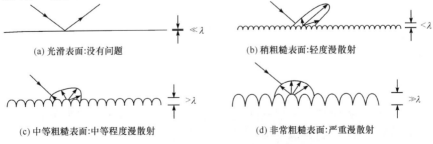

(a) 光滑表面：没有问题　　　　　　　　　(b) 稍粗糙表面：轻度漫散射

(c) 中等粗糙表面：中等程度漫散射　　　　　(d) 非常粗糙表面：严重漫散射

图 4-17　不同粗糙表面的反射和散射示意图

图 4-18　不同粗糙表面的地面照片

4.2.2　入射雷达波的反射、吸收和透射

入射到物体表面的电磁波与物体之间可发生三种作用：反射、吸收和透射。物体对电磁波的反射、吸收和透射的能力常用反射率、吸收率和透射率来表示。物体反射电磁波有三种形式：镜面反射、漫反射和方向反射。

1. 镜面反射

　　镜面反射的电磁波具有严格的方向性,即反射角等于入射角,反射能量集中在反射线方向上(见图 4-19)。在雷达图像中,产生此种反射的地物与目标是对于入射雷达波而言相对平整的面目标,如平整的水面、机场跑道滑行道、公路路面、平顶建筑物屋顶等,在雷达图像中呈无回波反射的黑色(见图 4-20、图 4-21)。

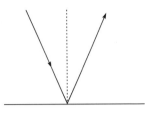

图 4-19　镜面反射示意图

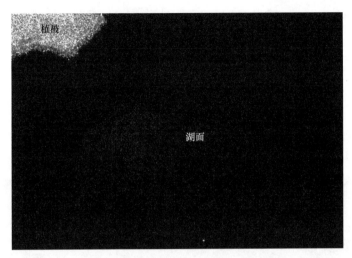

图 4-20　湖面镜面反射 X SAR 图像

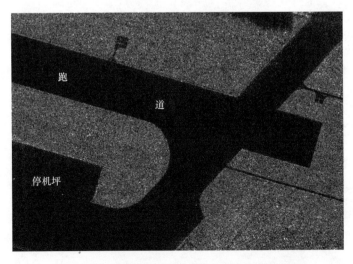

图 4-21　机场跑道及停机坪镜面反射 X SAR 图像

2. 漫反射

在物体表面的各个方向上都有反射能量的分布,这种反射称为漫反射,如图 4-22 所示。对全漫反射体,在单位面积、单位立方体角内的反射功率和测量方向与表面法线的夹角的余弦成正比,这种表面称为朗伯面。综合朗伯面和亮度的定义可知,无论从哪个方向观察朗伯面,看到的朗伯面的亮度是一样的。在雷达图像中,产生此种反射的地物与目标是相对于入射雷达波而言相对颗粒粗糙度较均匀的且粗糙度不太大的地物与目标,如平整且有一定粗糙度的沙石地、草地等,在雷达图像中多呈有一定回波反射的深灰色、灰色或浅灰色(见图 4-23)。

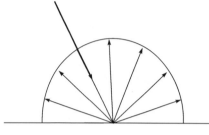

图 4-22　漫反射反射示意图

$$L = \frac{\mathrm{d}I}{\mathrm{d}A \cdot \cos\theta} = \frac{\mathrm{d}\varphi}{\mathrm{d}A \cdot \mathrm{d}\omega \cdot \cos\theta} = 常数$$

式中,L 为辐射亮度;θ 为测量方向与表面法线的夹角;$\mathrm{d}\varphi$ 为朗伯面单位时间内的辐射能量;$\mathrm{d}I$ 为朗伯面的辐射强度;$\mathrm{d}A$ 为朗伯面的面积;$\mathrm{d}\omega$ 为辐射立体角。

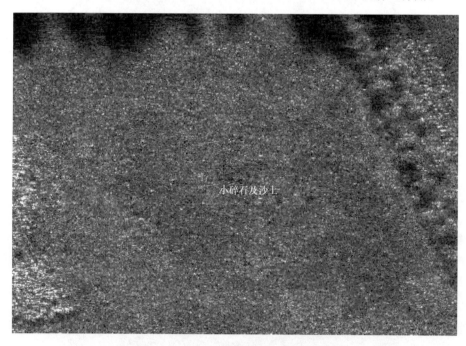

图 4-23　小碎石及沙土地漫反射 X SAR 图像

3. 方向反射

　　地面反射完全符合朗伯反射的也不多，由于地形起伏和地面结构的复杂性，往往在某些方向反射最强，这种现象称为方向反射（见图 4-24）。在雷达图像中，产生此种反射的地物与目标是相对于入射雷达波而言有较大的颗粒粗糙度、零乱且不均匀

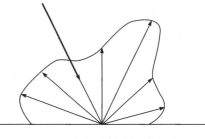

图 4-24　方向反射反射示意图

的地物与目标，如采矿场的储矿场、储煤场、采石场等地物与目标，在雷达图像中多呈反射回波强弱有别、色调不一致、亮暗较明显的白色与灰色或白色与深灰色相交的混合色调（见图 4-25）。

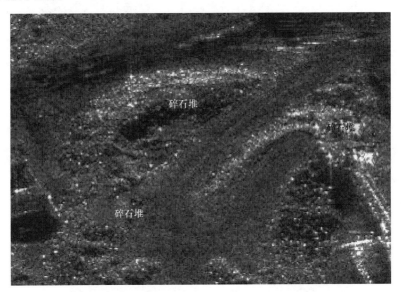

图 4-25　碎石堆方向反射 X SAR 图像

4.2.3　地物表面粗糙度对成像的影响

　　地物与目标的表面粗糙度直接影响地物与目标的散射电磁波的空间分布，即雷达回波能量的大小。在雷达图像中，地物与目标的表面粗糙度与入射雷达波的波长直接相关，即同等几何尺寸粗糙度的地物，相对于不同波长的电磁波，其显现出的粗糙度特性是不相同的。

　　图 4-26 探测方向是由图像右侧向左侧，图 4-27 探测方向是由图像上方向下方，由于地表的颗粒粗糙度的不同，对于同波长的雷达成像，其成像后所显现的色调是不同的。

图 4-26 C SAR 对不同颗粒粗糙度地表成像图像

图 4-27 X SAR 对不同颗粒粗糙度地表成像图像

　　图 4-28、图 4-29 为 0.1m Ku SAR 图像,由于其波长(1cm)较短,地面上很多目标与地物对入射波而言多为粗糙表面,均可产生不同能量的反射回波,因此,Ku SAR 可对地面众多目标与地物的质地进行区分。由于水泥路面与沥青路面的粗糙度不同,其色调在其图像中有较大区别,此波段的雷达图像可较好区分两种质地的路面。

图 4-28　0.1m Ku SAR 不同路面的图像(见文后彩图)

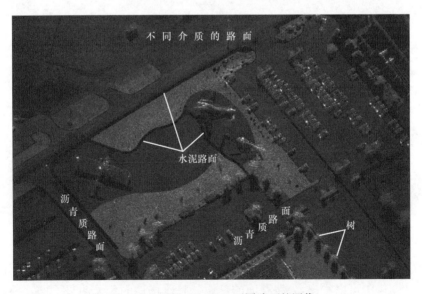

图 4-29　0.1m Ku SAR 不同路面的图像

图 4-30 是冬季中国新疆某地的 SAR 图像。该地处于无人区,风大雨少,地面地物风化严重,基本无绿色植被,但一遇大雨则会形成水灾。由于雨水的冲刷,地面的多数风化物(沙漠)则随雨水的流动而被冲向地势低的下游地段。但由于水流速度和流量的变化,很多风化物则随着流速和流量的变小沉积于地面,形成较大的沙漠沉积地表,随着水量的变小,水流会由大面积(扇形流域)的流动形成溪流。在这个过程中,扇形流域的不同地段会形成沉积扇面和不同的冲沟,大部分沉积扇面由颗粒较小的沙石遮盖,而冲沟内的较小沙石则不断被冲向下游,较大的沙石则露于地表,形成了不同颗粒粗糙度的冲积扇面。当入射雷达波照射到冲积扇面时,将产生不同的反射回波,在 SAR 图像中则表现为不同的色调,颗粒粗糙度较小的冲击扇面反射回波弱,颗粒粗糙度较大的冲沟反射回波强(由于该地区很少长有绿色植被,强反射回波只能是颗粒粗糙度的反映,而非含水量多少的体现),形成了亮色调与暗色调交触而非亮暗一致的图像。

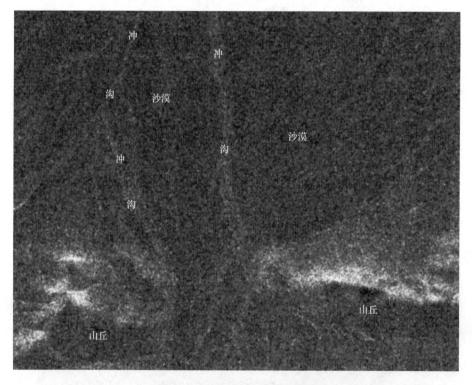

图 4-30　5m S SAR 冲积扇图像

图 4-31 是某段公路及路旁农家院落的 X SAR 高分辨率图像及其地面照片。从 SAR 图像中可以看出,公路路面的色调与院落场地的色调明显不同,公路路面呈深灰色,院落场地呈黑色。从现场的地面照片可以分辨出公路路面是沥青混凝

土质,院落场地是水泥混凝土质。由于受到入射角、路面和院落场地材质不同(沥青混凝土和水泥混凝土)的影响,在 SAR 图像中,水泥混凝土质场地呈黑色,沥青混凝土公路路面呈灰色。可见对于 X 波段 SAR 入射波,水泥混凝土质平坦场地相对沥青混凝土质公路更显平滑,反射回波更弱。

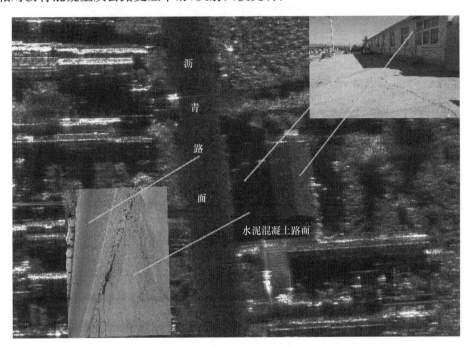

图 4-31 0.5m X SAR 不同路面图像(见文后彩图)

图 4-32 是某机场部分 SAR 图像及彩色可见光图像。从可见光图像中可清晰地看出机场的跑道端部、联络道、集体停机坪及个体停机坪为水泥混凝土质,而跑道的绝大部分为沥青混凝土质。而 SAR 图像中跑道及停机坪等的色调还是有一定区别的,水泥混凝土质的地物呈黑色,沥青混凝土质的地物呈深灰色,从而可以推断出对于 X SAR 成像雷达,水泥混凝土质地物(跑道端部、联络道、集体停机坪)与沥青混凝土质地物(跑道)的颗粒粗糙度是有一定区别的。同理,图 4-33 可从机场跑道、集体停机坪等在 SAR 图像中的色调可判定其材质。

由此可见,地物的反射回波强度与地物的表面的相对粗糙度(对雷达波长而言)是密切相关的。在相同入射角和相同探测方向观测某一地物时,波长短(频率高)的 SAR 比波长长(频率低)的 SAR 更能区分地物与目标的质地,即 X 波段 SAR 比 C 和 L 波段 SAR 更能精确地描述地物与目标的细微特性。

图 4-32　5m S SAR 机场图像（见文后彩图）

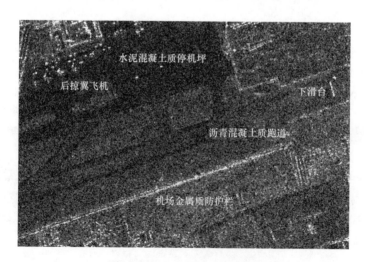

图 4-33　5m S SAR 机场图像

4.3　介　电　常　数

4.3.1　介电常数的概念

介电常数亦称电容率(用 ε 表示),通常随湿度和介质中传播的电磁波的频率变化,是地物与目标的重要物理特性参数之一,其对雷达回波有着重要的影响。

地物与目标的介电特性是影响微波雷达穿透能力和反射回波强弱的重要因素,地物与目标的介电常数高则雷达的穿透能力低。某些地物与目标的介电常数受湿度(即含水量)控制,如同波段的微波雷达对干沙土壤的穿透深度大于湿沙土壤。

4.3.2　介电常数对目标成像的影响

当电磁波能量照射地物与目标之后,从电磁波传输的观点看,将出现三种可能的情况:

(1) 电磁波被地物与目标反射或散射;

(2) 电磁波被地物与目标吸收;

(3) 电磁波穿透地物与目标。

通常这三种情况都存在,但以其中一种或两种为主。究竟是哪一种起主导作用,视地物与目标的质地(不同质地的地物与目标的介电常数是不一样的)和电磁波波长而定。如果入射雷达波被地物与目标吸收,那么不会有任何雷达回波出现;如果入射雷达波能穿透地物与目标,那就要考虑穿透地物与目标后电磁波的传输可能性;如果这一电磁波在穿透地物与目标的过程中,又有一部分能量反射,贡献给雷达回波,那么就要考虑目标回波的体效应。但是上述三种可能性中被地物与目标反射或散射(朝向雷达方向的散射)则是最重要的,它是构成雷达图像信息来源的主要成分。

在其他因素相同的条件下,地物与目标材质介电常数越大,对微波的反射系数越大,反之越弱。影响介电常数大小的主要因素有两个,其一为含水量(液态水含量和固态水结构),地物与目标含水量的多少决定了目标介电常数大小,含水量越多,介电常数越大。其二是地物与目标的传导率,它决定了电磁波的反射损耗或衰减,并且与频率有关,目标的传导率越高,介电常数越大。

通常,表面粗糙度和材料几何特性在决定雷达回波强度方面比材料的反射率更为重要。图像判读解译员通常是在图像中判明地物与目标的性质为主,定量分析为辅。因此,图像判读解译员通常不需要准确知道某一材料的介电常数和传导系数的准确数值,但要了解材料的介电常数的区别与趋势,哪些材料是反射雷达能量强的、比较强的和差的反射体。

如沙和土壤的 ε 值随着含水量的增加而增加;麦苗、油菜、棉秆、杨树等植物,含水量的多少与 ε 值大小近似地呈线性正相关。图 4-34 是同一地区水灾前后不同时期的 SAR 图像,右侧图像是水灾后的图像。由于水灾,经过一段时间的浸泡,经过浸泡地段的地表植被与未经过浸泡地段的地表植被的含水量是不一样的,水灾后地表植被的含水量较水灾前的含水量大,则反映在同一波段的 SAR 图像上则产生了明显区别,湿度大的呈白色或浅灰色,湿度小的呈灰色或深灰色,即使是同一幅图像(如右侧图像)也可看出经过一段时间的浸泡的地表与未经过浸泡的地表 SAR 成像后其色调也是完全不同的。

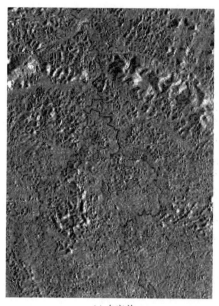 

(a) 水灾前   (b) 水灾后

图 4-34　某地水灾前后不同时相的同波段 SAR 图像

图 4-35 及图 4-36 是不同生长期水稻田 X SAR 图像。由于水稻处于不同的生长期,一种是正处于即将成熟的水稻(即将收割),水稻的叶子多为枯黄色,含水量较少且将地面基本覆盖;一种是正处于生长旺盛期(插秧后一个多月),水稻的叶子多为浅绿色,含水量较多且茂密。由于水稻叶子的含水量不同(介电常数不同),其对入射雷达波的反射是不一样的,含水量较多的水稻反射回波强,含水量较少的水稻反射回波弱,故在 SAR 图像中,叶子含水量较多的水稻田呈有较强回波反射的白色,而叶子含水量较少(即将收割的水稻)的水稻田呈有较弱回波反射的深灰色或灰色。可见地物与目标的介电常数的大小对其在 SAR 成像中的作用及影响之大。

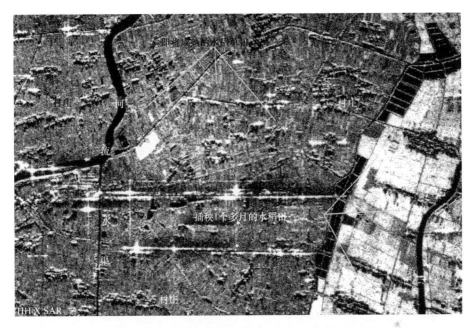

即将成熟的水稻田

村庄

河

流

水

渠

插秧1个多月的水稻田

村庄

HH X SAR

图 4-35　不同生长期水稻田的 X SAR 图像（一）

不同生长期的水稻

水塘

即将成熟的水稻

生长2个多月的水稻

桑树

X SAR

图 4-36　不同生长期水稻田的 X SAR 图像（二）

图 4-37 是某地区机械化水浇田、普通水浇农田 X SAR 图像。从图像中可发现,机械化水浇田 1 的色调呈白色或浅灰色(含水量高,而非颗粒粗糙度引起的),机械化水浇田 2 的色调呈黑色或深灰色(含水量低)。从而可以从图像的色调差异推断出水浇田 1 的农作物长势良好且茂盛,而水浇田 2 中,黑色或深灰色的农作物为出苗时间不长或为未种植且平整裸露的农田。

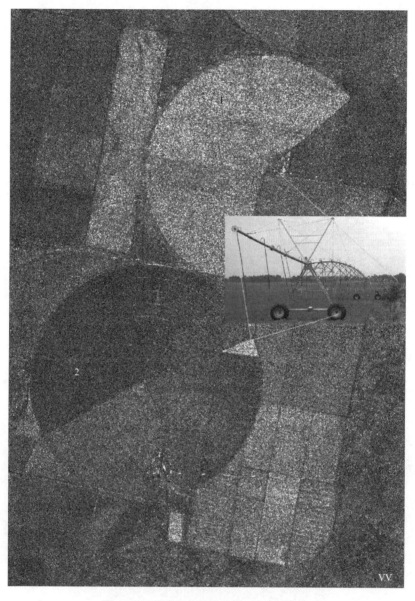

图 4-37　不同含水量植物的 X SAR 图像

图 4-38 是 2013 年 8 月中旬中国河北东北部某地区的农田种植农作物的图像,该地区农田中多种植玉米和花生。农田中的玉米由于种植的时间、密度不尽相同,其长势则有较大的差异,通常是种植早的玉米比种植晚的玉米老,叶子的含水量不如种植晚的玉米含水量高,即种植晚的玉米叶子的介电常数大于种植早的玉米叶子的介电常数,但此时的 SAR 成像图应为:种植晚的玉米在 SAR 图像中呈浅灰色,种植早的玉米在 SAR 图像中呈深灰色。但由于玉米的长势及密度的不同,种植早的玉米长势不好且较稀疏正处于受粉期,玉米的叶子呈下垂状(伞状),成像时大部分叶面朝向入射雷达波,而种植较晚的玉米密度大,玉米的叶子多呈直立状,只有少部分叶面朝向入射雷达波。因此,种植晚的玉米反射回波的能量不如种植早的玉米反射回波强,故在 X SAR 图像中形成了嫩玉米的反射回波不如较老玉米的反射回波强这一特殊现象。通过以上分析,再结合图像中玉米田反射回波是否均匀一致,可对玉米的长势进行分析推断,以获取更多信息。

图 4-38 不同生长期玉米 X SAR 图像(见文后彩图)

图 4-39、图 4-40 是 2013 年 8 月中旬河北某地农作物与植物的 X SAR 图像。由于农作物与植物的种类不同,农作物与植物的叶片结构及含水量不同(介电常也不同),对入射雷达波的反射则有明显的差异,处于扬花期的玉米和快要扬花的玉米反射回波呈浅灰色,而栗子树则呈深灰色。

图 4-39　不同生长期农作物 X SAR 图像(见文后彩图)

图 4-40　不同生长期植物 X SAR 图像(见文后彩图)

图 4-41～图 4-48 是不同地区不同波段获取的 SAR 图像,即有同一地区不同时相的图像,也有单时相的图像,可用于加深理解地物与目标的介电常数在 SAR 成像中的作用。

图 4-41　生长期相差一个月的大棚中蔬菜 SAR 图像

(a) 8月17日

(b) 9月21日

图 4-42   不同生长期的玉米地与花生地 SAR 图像

图 4-43　红树林 SAR 图像

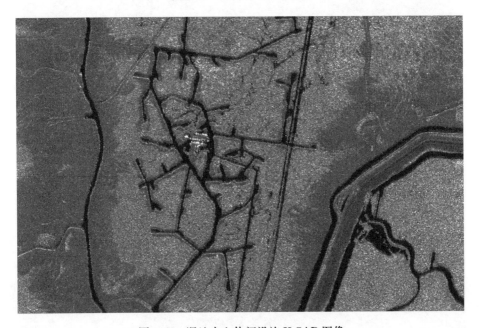

图 4-44　湿地水上休闲设施 X SAR 图像

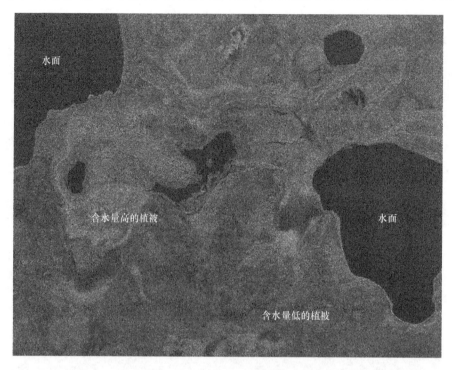

图 4-45　湿地 X SAR 图像（一）

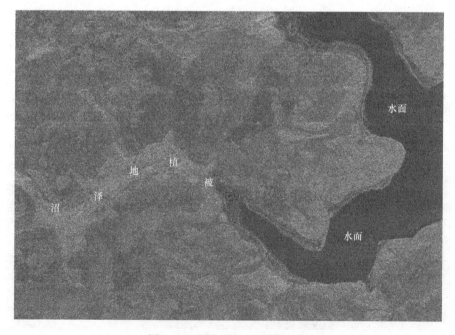

图 4-46　湿地 X SAR 图像（二）

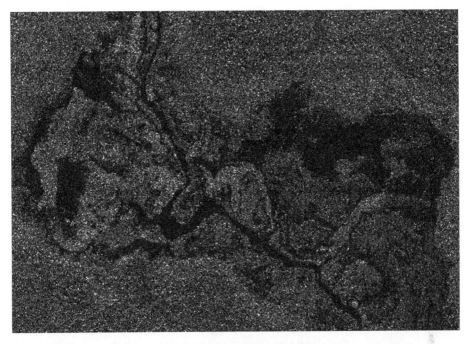

图 4-47　湿地 X SAR 图像(三)

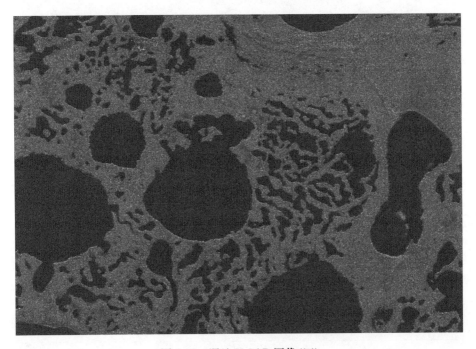

图 4-48　湿地 X SAR 图像(四)

4.4　角反射器效应

4.4.1　角反射器及种类

成 90°夹角的两个平滑面,构成二面角反射器(见图 4-49(a)),各成 90°夹角的三个平滑面,构成三面角反射器(见图 4-49(b)、图 4-50)。角反射器的种类很多(见图 4-51),但通常使用的主要有二面角反射器和三面角反射器。

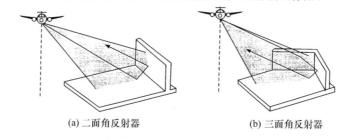

(a)二面角反射器　　　　　　　　　(b)三面角反射器

图 4-49　角反射器示意图

图 4-50　三面角反射器地面照片

反射器	最大 RCS	3dB 波束宽度	形状
球	πr^2	2π	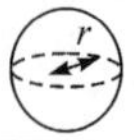
方形平板	$4\pi a^4/\lambda^2$	$0.44\lambda/a$	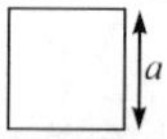
龙贝格透镜	$4\pi^3 r^4/\lambda^2$	$\sim 40°$	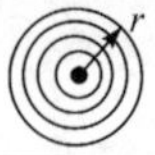
三角形三面	$4\pi a^4/(3\lambda^2)$	$\sim 40°$	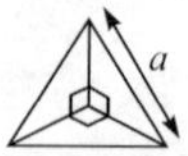
方形三面	$12\pi a^4/\lambda^2$	$\sim 40°$	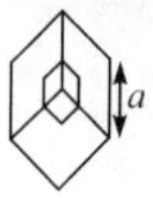

图 4-51　几种角反射器示意图

通常入射到二面角反射器上的电磁波将在二面角反射器的两个面上各反射一次。返回的电磁波方向与原入射方向平行,导致同极化分量(S_{HH}、S_{VV})之间 180°的相移,从而引起同极化与交叉极化响应之间的差异。

入射到三面角反射器上的电磁波通常要反射三次才能返回雷达。三次反射使得同极化分量之间发生 360°的相移,其接收功率与极化方位角无关,不会影响其散射特性。

4.4.2　二面角及三面角地物与目标成像

在自然环境及城乡建筑中,成二面角及三面角的地物与目标很多。如城市中的大型厂房、仓库的墙体与平整地面、机场内的机库(机库大门关闭)与库前场坪可构成二面角反射体;两座成 90°夹角的连体建筑物的两面墙体与平整地面可构成三面角反射体;长方形或方形平顶建筑物的房顶与女儿墙可构成二面角反射体(一女儿墙与平顶)或三面角反射体(成 90°夹角的女儿墙与平顶)。

由试验证明,角反射器的回波强度与其边长成正比,且导电能力相对弱的材料构成的角反射器同样能产生强回波。由此可见,单纯依据回波强度来直接确定某地物与目标的材料成分通常是不可能的,但可依据地物与目标的回波强度、地物与目标的成像形状、地物与目标所处位置等信息,综合分析推断出地物与目标的成分,如图 4-52~图 4-55 所示。

建筑物墙体与地面构成二面角

图 4-52　建筑物墙体与地面成二面角反射图像(一)

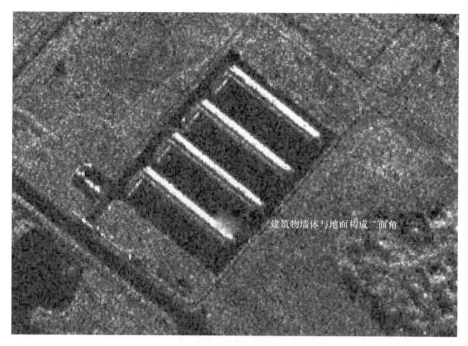

图 4-53　建筑物墙体与地面成二面角反射图像（二）

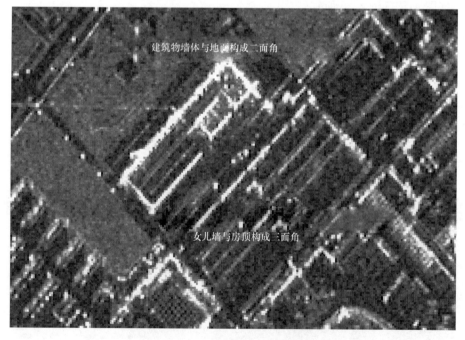

图 4-54　建筑物墙体与地面成二面角及三面角反射图像（一）

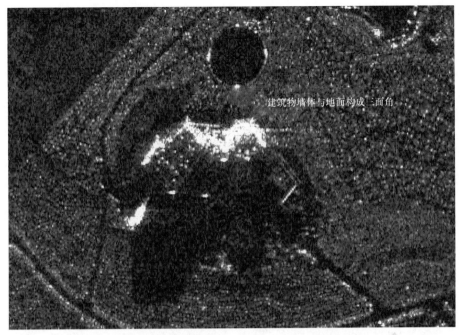

建筑物墙体与地面构成三面角

图 4-55　建筑物墙体与地面成二面角及三面角反射图像(二)

对入射雷达波成二面角或三面角反射的地物与目标,在雷达图像中均呈现为具有较强反射回波(见图 4-55)的白色或浅灰色图斑,易被发现。但由于这一特性,给具有二面角或三面角反射的地物与目标识别其细节增大了困难,是图像判读解译人员应加以注意和特别关注的问题。为了判断其细节,最好基于没有进行色阶调整的 SAR 图像并进行局部的亮度调节,从而逐步观察其细节。另外,在量测其几何尺寸时也应注意,通常在量测地物与目标的几何尺寸时,在图像中呈亮色(白色)的地物与目标应在其量测的的基础上减去一个像元尺寸,而在图像中呈暗色(黑色)的地物与目标应在其量测的的基础上加上一个像元尺寸。如在图 4-52 中,量测呈白色的建筑物的长边墙体长 55m,图像像元分辨率为 3m,则建筑物的长边墙体实长为 52m;量测公路的宽度为 12m,则公路的实宽为 15m。

4.5　极化方式对目标成像的影响

4.5.1　极化方式与回波反射特性

1. 同极化波反射特性

电磁波的极化方式不同的情况下,入射电磁波与地物和目标相遇后,依地物和目标材质、几何结构等特性,入射电磁波将产生不同的极化效应,造成了反射回波能量的不同。

　　根据线性极化波的极化机理和地物目标的散射特性,在同条件下采用不同的极化方式对同目标成像,地物目标对入射雷达波的反射回波是有一定区别的。通常同极化方式(HH、VV)成像具有相近的反射回波能量,交叉极化方式(HV、VH)成像也具有相近的反射回波能量(见图 4-56)。因此,同极化方式获取的大多数地物目标成像图整体效果基本是较一致的,即 HH、VV 极化方式获取的图像目标反射回波能量大致相同。

图 4-56　同极化 HH 和 VV X 波段 SAR 图像

　　SAR 成像雷达依据目标与地物的材质、结构、几何形、高度及 SAR 分辨率的不同,目标与地物可对入射雷达波产生一次反射、二次反射、镜面反射、漫反射、穿透或多次反射,但由于极化方式的不同,雷达接收机对目标与地物的一次反射回波、二次反射回波或多次反射回波接收能量与大小是有差异的。通常情况水平极化波(H)的入射波二次反射波强度大于垂直极化波(V)的入射波二次反射波强度。

当采用 HH 极化成像时,依据 H 极化波的矢量方向性,目标与地物的二次反射回波易被雷达接收,则地物与目标的成像能量是一次反射回波、二次反射回波或多次反射回波的能量总合。而采用 VV 极化成像时,依据 V 极化波的矢量方向性,目标与地物的二次反射回波不易被雷达接收,则地物与目标的成像能量主要是来自一次反射回波。由于 H 极化波与 V 极化波的这一特性,对一般地物与目标而言,采用 HH 极化成像与 VV 极化成像时,其图像大致相同,但对某些特殊地物与目标(具有较好的二次反射条件的地物与目标)的成像效果则会产生较大的区别或差异。

图 4-57 是一座跨海悬索大桥,悬索桥处在具有较好(水面无大的波浪)的多次反射条下,从图像中可发现悬索桥的缆索的多次反射回波影像各不相同,HH 极化获取的大桥缆索图像的一次反射图像亮度不如 VV 极化的图像亮度大,而 HH 极化获取的大桥缆索图像的二次反射图像亮度却明显强于 VV 极化的图像亮度。

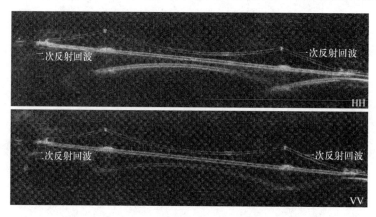

图 4-57　同极化 HH 和 VV SAR 悬索桥图像

同理,图 4-58 与图 4-59 是海浪同极化图像,可明显发现 VV 极化图像海浪回波强于 HH 极化的反射回波。

图 4-60 是一座机场内的机库图像,通常机库大门前的场坪多为水泥混凝土质或沥青混凝土质,且相对于图像分辨率而言机库是一高大的目标,机库大门前的场坪与机库大门可形成较好的二面角反射和良好多次反射条件,则 HH 和 VV 极获取的机库图像有很大不同,HH 极化获取的机库大门图像亮度明显强于 VV 极化获取的图像。由此可见,在具有良好多次反射条件下的高大(相对于图像分辨率)地物和目标,HH 与 VV 极化获取的地物和目标图像是有一定区别的,依据这一特性可解译某些目标的性质(见图 4-61～图 4-65)。

如图 4-61 中的目标 1,在 HH 极化图像中呈较亮的点,而在 VV 极化图像中亮点要小得多,从而可以判断出目标 1 应为一有一定高度但体积并不大的金属线状目标(可能是低电压电线杆)。

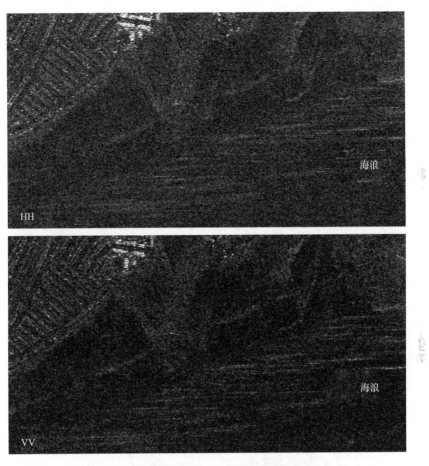

图 4-58　同极化 HH 和 VV SAR 海浪图像(一)

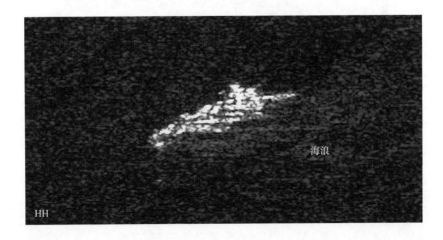

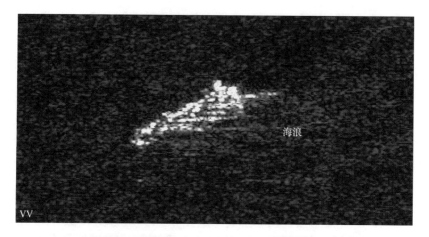

图 4-59　同极化 HH 和 VV SAR 海浪图像(二)

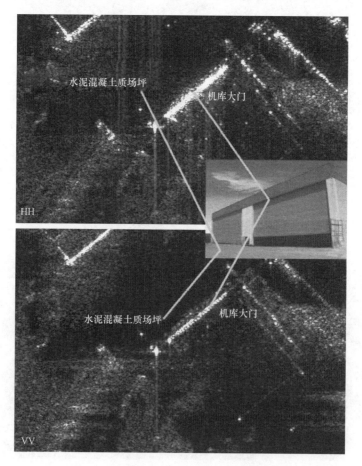

图 4-60　同极化 HH 和 VV SAR 机库图像

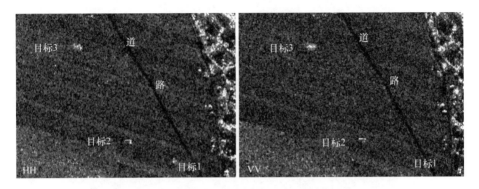

图 4-61 同极化 HH 和 VV SAR 点状目标图像

图 4-62 同极化 HH 和 VV SAR 高压输电线图像

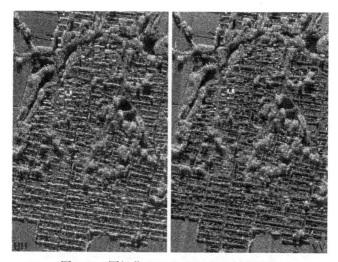

图 4-63   同极化 HH 和 VV SAR 村庄图像

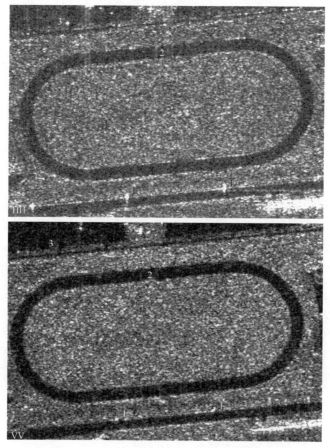

图 4-64   同极化 HH 和 VV SAR 运动场图像

图 4-65　同极化 HH 和 VV C SAR 在建大型厂房图像

在 SAR 成像中,由于同极化波的反射特性不同,对某些目标的成像效果是不一样的。通常 VV 极化对较低矮的并具有强反射的地物目标的一次反射回波强度大于 HH 极化的一次反射回波强度(见图 4-66、图 4-67),而 HH 极化对较高大具有强反射的地物目标的二次反射回波强度大于 VV 极化的二次反射回波强度(见图 4-68、图 4-69)。极化波的这一特性对不同地物目标的成像及其成像效果对区分目标的性质和目标的种类有着极其重要的作用。

图 4-66　同极化 HH 和 VV C SAR 拖拉机图像

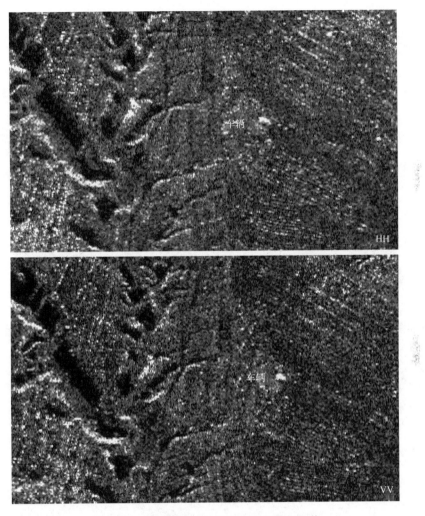

图 4-67　同极化 HH 和 VV C SAR 车辆图像

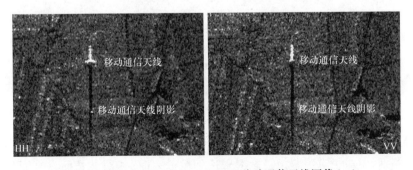

图 4-68　同极化 HH 和 VV C SAR 移动通信天线图像（一）

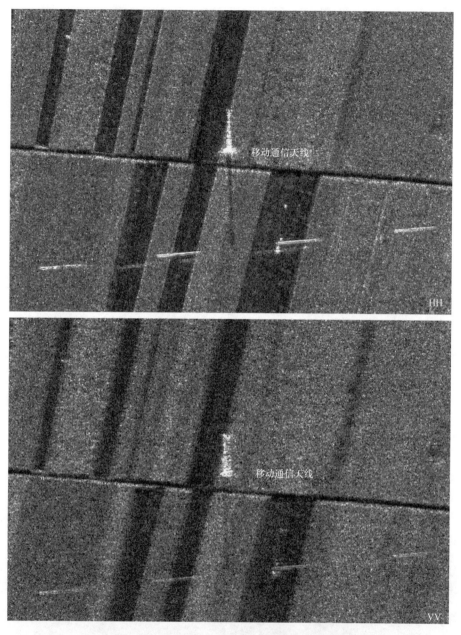

图 4-69　同极化 HH 和 VV C SAR 移动通信天线图像(二)

　　对于粗糙表面的地物或目标,同极化波探测成像,HH 与 VV 极化回波强度无太大的差别,但对于有一定粗糙度但未达到粗糙表面(相对波长而言)的目标或地物 HH 极化回波强度与 VV 极化回波强度是有一定差别的。

目标表面粗糙而造成的多次散射可产生去极化现象。在同极化成像过程中,粗糙表面的地物或目标可对入射波产生多次散射或漫反射,但同极化波的反射方向、能量大小基本上是一致的,因此同极化 HH 与 VV 极化回波强度无太大的差别(见图 4-70 和图 4-71)。从图像 4-70 可以发现,不规则的较大粗糙地物(沙土堆),对 HH 与 VV 同极化成像效果基本一致,在图像中呈色调较一致的浅灰色的图斑。

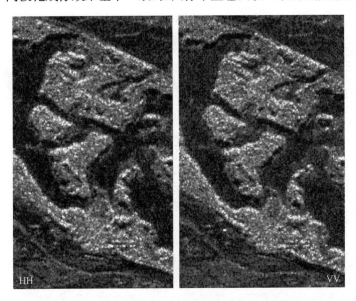

图 4-70 沙堆 HH 和 VV 极化 X SAR 图像

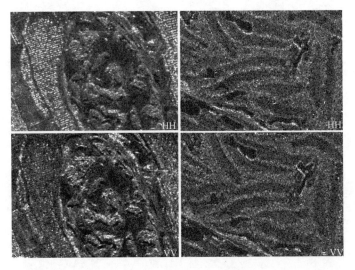

图 4-71 沙堆与高尔夫球场 HH 和 VV 极化 X SAR 图像

对于有一定粗糙度但未达到粗糙表面的目标或地物,HH 极化回波强度与 VV 极化回波强度具有一定差别。图 4-72 是某在建高速路及立交桥和农田的同极化同时相图像。图中标注的 1、2、3、4、6 处的色调 HH 极化与 VV 极化成像图有明显差别,VV 极化的图像呈浅灰色,而 HH 极化的图像呈深灰色或浅黑色,可见 VV 极化的地物反射回波强度大于 HH 极化的地物反射回波强度。

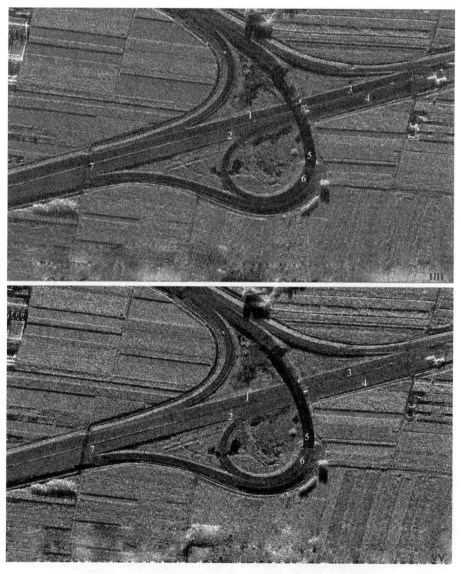

图 4-72 高速公路立交桥 HH 和 VV 极化 X SAR 图像

1、3. 平整的土路面;2. 平整的碎石与土路面;4. 压实的路面;

5. 水泥混凝土路面;6. 同 2 路面;7. 水泥混凝土路面

　　图 4-73～图 4-75 分别是高压输电线塔、正在修筑的高速路及工程车辆及收割后的农田同极化图像,从图像中可以清晰地发现,HH 极化与 VV 极化成像效果有较大差别,尤其是图 4-73 中的高压输电线更为明显,HH 极化图像中有高压线回波,而 VV 极化图像中未能显现出高压线回波,产生这一区别的主要因素应是 HH极化回波的二次反射回波强度大于一次反射回波强度所至。从图像中可以发现,高压输电线处在广阔的平整大地上,入射雷达波经地面反射到输电线,形成较好的二次反射而成像。而 VV 极化的二次反射回波较弱,则在成像的图像中难于发现高压输电线的成像。图 4-74 是公路施工设备停放在路面上的图像,设备的大小及高度相对于分辨率而言是较高的目标,由于路面平整,入射到地面的雷达波可经地面反射到施工设备上形成二次反射,但由于 HH 极化的二次反射回波强度大于一次反射回波强度,在 HH 极化方式成像的图像中施工设备的成像亮度大于 VV 极化的成像亮度,因此两种极化方式的成像结果有较大区别。

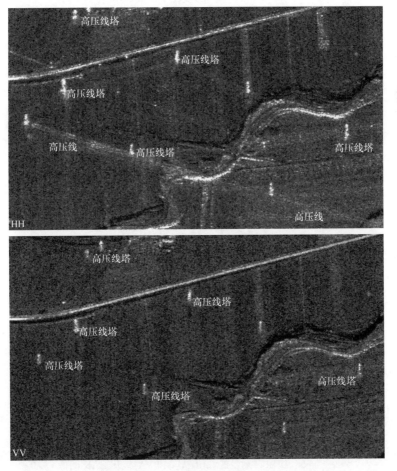

图 4-73　农田及高压输电线塔 HH 和 VV 极化 SAR 图像

图 4-74　筑路工程车辆 HH 和 VV 极化 X SAR 图像

图 4-75　庄稼收割后的农田 HH 和 VV 极化 SAR 图像

2. 交叉极化波反射特性

交叉极化的去极化机理特性，决定了交叉极化 SAR 对目标成像与同极化 SAR 成像的不同，尤其是对小型强反射目标成像，其图像效果略差于同极化 SAR 成像。

从多极化图像中不难发现，HV、VH 交叉极化方式获取的图像目标反射回波能量基本相同，交叉极化方式获取的目标成像图整体效果基本是一致的（见图 4-76～图 4-78），但 HV 方式获取的图像效果更接近 HH 方式获取的图像效果，VH 方式获取的图像效果更接近 VV 方式获取的图像效果（见图 4-78）。

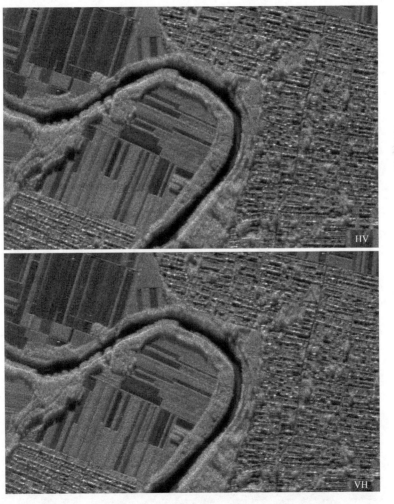

图 4-76　交叉极化 HV 和 VH 极化 C SAR 农田与村庄图像

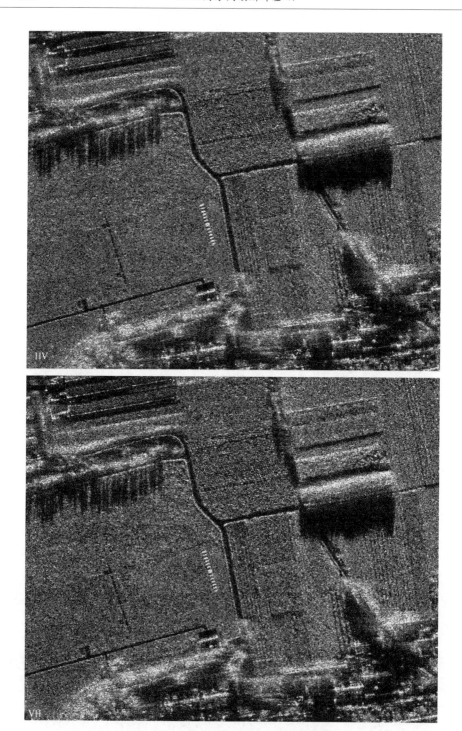

图 4-77　交叉极化 HV 和 VH 极化 C SAR 机场导航设施与农田图像

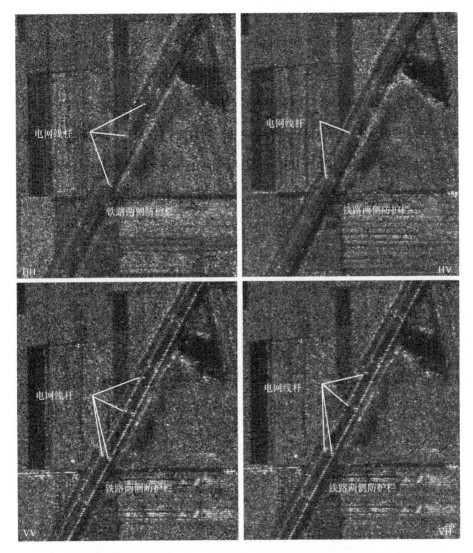

图 4-78　交叉极化 HV 和 VH 极化 L SAR 铁路护栏及电网线杆图像

　　交叉极化成像与同极化成像的最大区别是雷达接收机接收的回波信号是与入射雷达波极化信号不同的极化反射回波。当入射雷达波为 H 极化波时，入射波与地物或目标相遇，入射波将发生反射或散射、吸收和透射等现象。雷达接收机对一次反射和二次反射回波信号强弱与入射波的极化紧密相连，无论是采用 V 极化接收或采用 H 极化接收，反射信号强接收到的信号则强，反射信号弱接收信号则弱。所以，HV 方式极化成像，其成像特性更接近 HH 极化方式成像；VH 极化方式成像，其成像特性更接近 VV 极化方式成像（见图 4-79 和图 4-80），但由于交叉极化的去极化机理特性,决定了其反射回波总体能量的要弱于同极化,尤其是对一次反射回波的接收明显低于同极化反射回波(目标的一个垂面与入射波近似垂直时,如外浮顶油罐罐壁的一次反射回波,见图 4-81 和图 4-82),如目标的一个垂面与入射波成一定夹角(非垂直状态,见图 4-83～图 4-85),交叉极化对目标的成像则明显强于同极化波成像。典型的,如与雷达航向成 45°角的直角二面角,理论上只有交叉极化通道有反射回波,同极化通道反射回波为零。

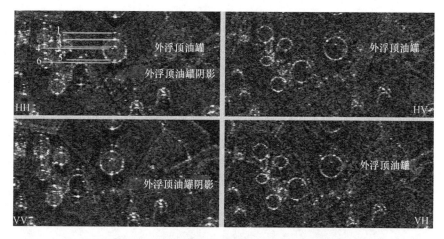

图 4-79　外浮顶油罐交叉极化与同极化 SAR 图像

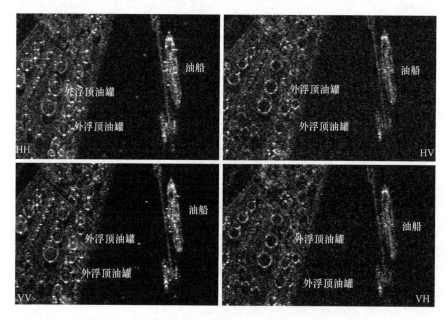

图 4-80　外浮顶油罐及油船交叉极化与同极化 SAR 图像

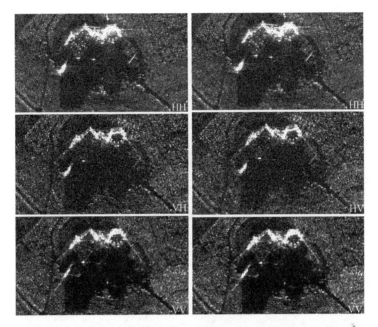

图 4-81　构成三面角反射的建筑物交叉极化与同极化 SAR 图像

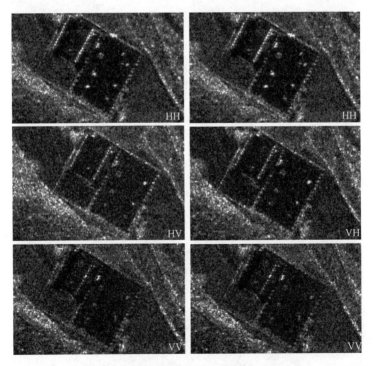

图 4-82　运动场交叉极化与同极化 SAR 图像

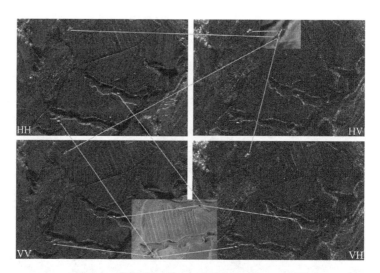

图 4-83　装甲车辆交叉极化与同极化 SAR 图像

图 4-84　防波堤交叉极化与同极化 SAR 图像

图 4-85　建筑物、院墙及车辆交叉极化与同极化 SAR 图像

　　对于较低矮（相对于分辨率）的目标，交叉极化（HV、VH）的 SAR 图像则无大的区别（见图 4-86～图 4-89），而相对于有一定高度的点目标，HV 极化和 VH 极化则会出现一些差异（见图 4-90～图 4-92），但在同极化与交叉极化的图像上同一目标的反射回波则会出现较大区别（见图 4-93～图 4-95）。

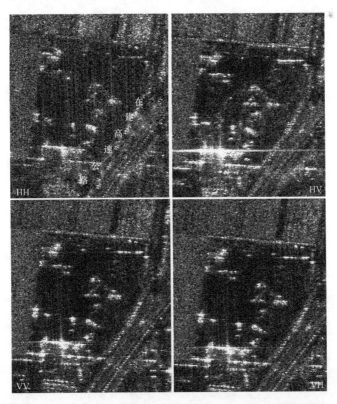

图 4-86　HV 和 VH 极化 X SAR 沙堆及挖沙机等设施图像

图 4-87　　HV、VH 极化 X SAR 角反射器图像

图 4-88　HV 和 VH 极化 X SAR 农田林地图像

图 4-89　HV、VH 与 VV 极化 X SAR 农田图像

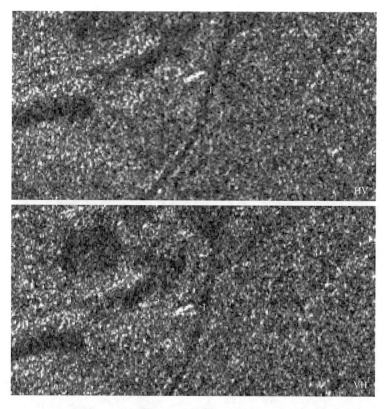

图 4-90　建筑物 HV 和 VH 极化 X SAR 图像

图 4-91　在建大型厂房 HV 和 VH 极化 X SAR 图像

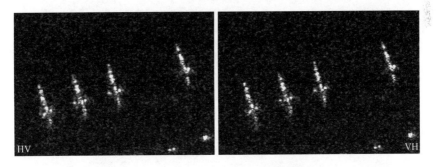

图 4-92　HV 和 VH 极化 X SAR 飞机图像

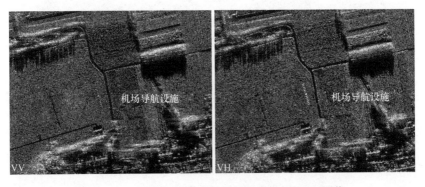

图 4-93　VV 和 VH 极化机场导航设施 X SAR 图像

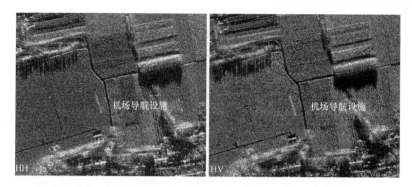

图 4-94　HH 和 HV 极化 X SAR 机场导航设施图像

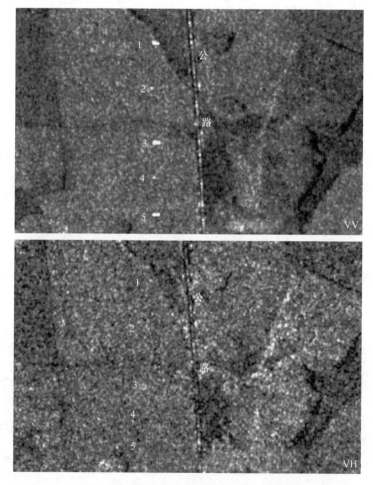

图 4-95　VV 与 VH 极化高压线塔 SAR 图像

1～5. 高压线塔

4.5.2　极化方式与目标成像

　　一般而言,对于相同的地物和目标(不可穿透或介电常数较大的目标),不同极化方式所形成的差异要比不同波段的差异更大,更加敏感(见图 4-96～图 4-98)。对于低矮的植被,如农田中的农作物和田埂,同极化的回波要比交叉极化的回波更强,而对如建筑物顶上的突起(如通风窗、通风烟囱等)或高压输电线,交叉极化则更能够保障目标不被丢失。因此,交叉极化的这一特性在对低矮的小型金属目标,如车辆等的成像是十分重要的。

　　除以上分析的内容外在极化条件下,目标的响应一方面与目标的结构相关,同时也与目标、波束的入射方向和极化方式之间的关系存在联系。

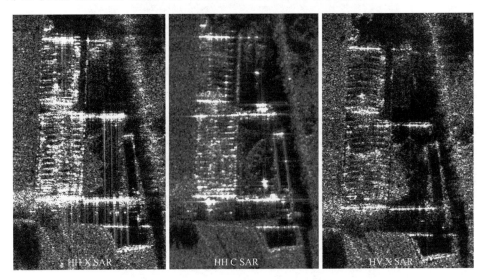

图 4-96　X SAR 多极化建筑物图像

　　不同极化的不同回波是相应的电场方向与地物目标相互作用的结果。经验表明,对于海洋应用,L 波段的 HH 极化较敏感,而 C 波段是 VV 极化比较好,对海上油污染用"VV"方式(一次反射回波强,二次反射回波弱),对冰用"HH"(二次反射回波强,一次反射回波弱),对海岸线用"HV"。对于粗糙度小于辐射波长的地物目标,后向反射系数与垂直极化波的入射角无明显关系,而对于水平极化波,后向反射系数是入射角的强函数。但是,对于低散射率的草地和道路,水平极化使地物后向反射系数之间有较大的差异,所以,地形测绘用的星载 SAR 都使用水平极化。对粗糙度大于波长的陆地,HH 或 VV 对后向反射系数无明显变化。

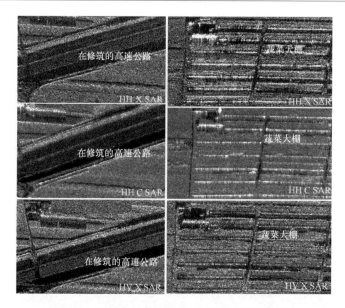

图 4-97　X SAR 多极化在建公路及蔬菜大棚图像

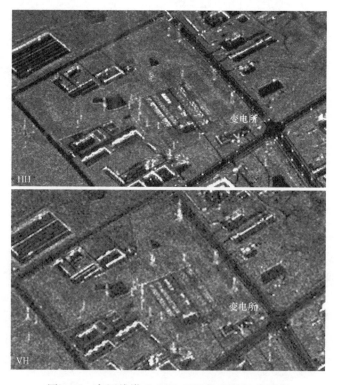

图 4-98　高压线塔 C SAR HH 和 VH 极化图像

　　图 4-99 是 X 波段 SAR 对同一立交桥的四种极化方式的成像,可以看出它们有较明显的差别。从四幅不同极化图像中可以发现,图像中 1(立交桥护栏),HH 极化图像的信息量优于 VV 极化图像的信息量,而 VV 极化图像的信息量又优于 VH 极化图像的信息量,VH 极化图像的信息量则优于 HV 极化图像的信息量。图像 2(屋顶透气孔),VV 极化图像的信息量优于 HH 极化图像的信息量,而 HH 极化图像的信息量又优于 VH 极化图像的信息量,VH 极化图像的信息量则优于 HV 极化图像的信息量。从四幅图像的目标可以看出,HH 极化对垂直于地面并具有一定高度的目标,其信息量较丰富,而 VV 极化对垂直于地面的独立目标,可获得较多的信息量。

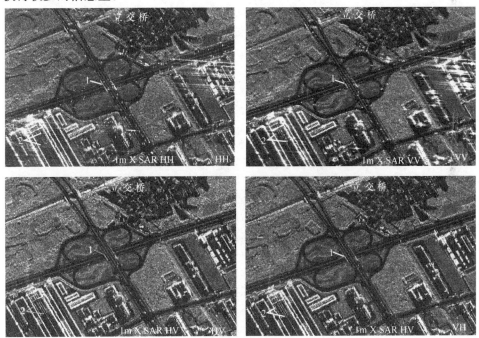

图 4-99　X SAR 多极化立交桥及建筑物图像

1. 对具有强反射一般地物与目标的多极化成像

　　如目标高度小于、接近等于或数倍大于 SAR 图像分辨率,不同的极化方式其成像结果是完全不一样的。当目标高度小于、接近等于 SAR 图像分辨率时,VV 极化方式获取的目标图像的反射回波强度要大于 HH 极化的反射回波强度,而当目标高度数倍大于 SAR 图像分辨率时,HH 极化方式获取的目标图像的反射回波强度要大于 VV 极化的反射回波强度。造成这一现象的主要原因是 HH 极化的二次反射强于 VV 极化的二次反射,而 VV 极化的一次反射强于 HH 极化的一次反射,见图 4-100~图 4-105。

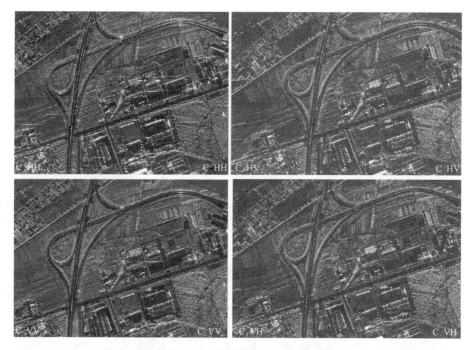

图 4-100　C SAR 多极化立交桥图像

图 4-101　C SAR 多极化大型厂房图像

图 4-102　X SAR 多极化建筑物图像

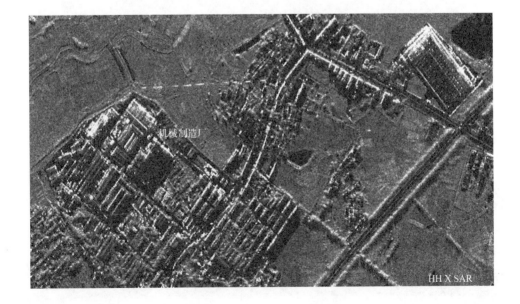

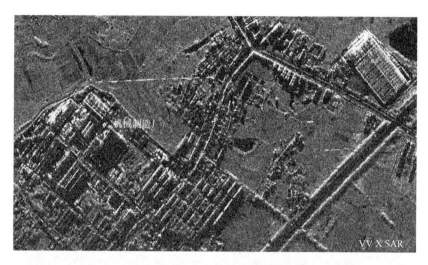

图 4-103　X SAR 单极化建筑物图像

图 4-104　C SAR 多极化(HH、VV、VH)建筑物图像(一)

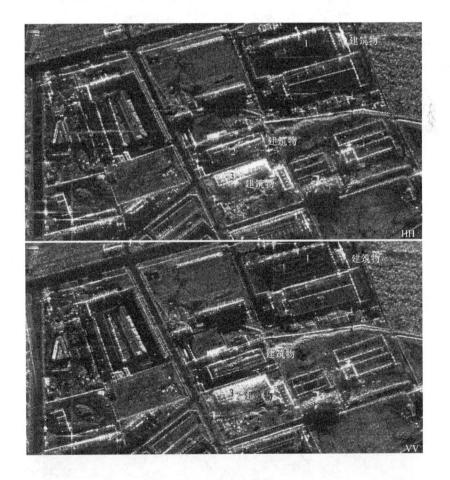

图 4-105　C SAR 多极化(HH、VV、VH)建筑物图像(二)

　　相同极化(HH、VV)和交叉极化(HV、VH)的信息相互叠加对比,可以显著地增加雷达图像的信息量,而且,植被和其他不同地物的极化回波之间的信息差别比不同波段之间的差别更敏感。图 4-106 是同时相交叉极化和同极化的 C SAR 图像,停放于农田(农作物已收割)和冲沟内的车辆(与地面构成二面角反射,而非三面角反射)的反射回波,在交叉极化的图像中无明显差别,但农田中的田埂及停放的车辆的反射回波不及相同极化(VV)的反射回波强度。

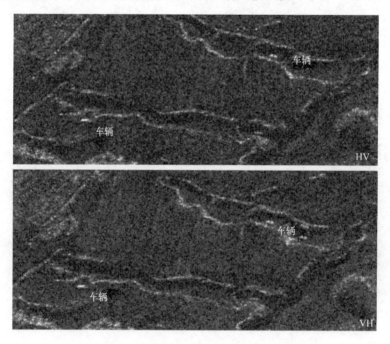

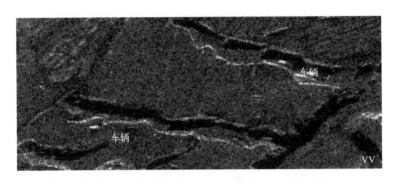

图 4-106　C SAR 单极化与交叉极化车辆对比图像

　　采用双极化探测也可提高雷达的探测能力,HH 极化图像与 HV 极化和 VH 极化图像相比,在一些重要的方面有所不同,可用来发现以往未能发现的地质构造,也可用于对农作物和天然植被的分类。图 4-107 是农业机械在农田收割时的图像,由于雷达的极化方式的不同,农业机械(与地面构成二面角反射)的反射回波有很大的差别,从图像中可明显看出,HH 极化图像农业机械的反射回波较弱,而 HV 极化和 VH 极化图像农业机械的反射回波较强。可见,对于低矮的金属目标,HV 极化和 VH 极化对目标的反射回波强于 HH 极化对目标的反射回波。

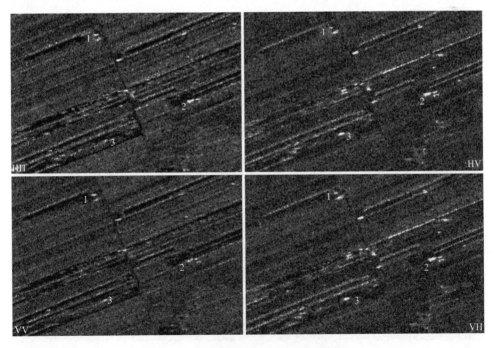

图 4-107　C SAR 多极化农业机械图像

2. 对输电线、塔目标多极化成像应用

在 SAR 成像中，只有当输电线与雷达入射波成 90°或近似 90°夹角时，才可产生较强的反射回波图像，否则难于在 SAR 图像中显现输电线的反射回波信息。当采用 HH 极化方式对输电线成像时（入射波与输电线夹角接近 90°），在具有二次反射条件的情况下，输电线回波是以二次反射回波与一次反射回波的组合回波，而采用 VV 极化方式对输电线成像时，由于其二次反射回波信号弱，所以对同一输电线采用不同的极化方式成像后会有较大区别。由于较低电压的输电线直径小且多采用单线，受图像分辨率影响（图像分辨率低），难于生成回波图像；而采用 HH 极化方式成像时二次反射回波则较强，在条件（SAR 的分辨率、入射角、方位角、极化方式等因素）符合成像的基础上，可生成回波信号图像。根据这一成像特点，在某种特定条件下（如入射角、探测方向、水面或平整的地面等条件适宜回波反射情况下），同时采用 HH 极化与 VV 极化方式对输电线成像，可以对输电线输送的电压进行估算判断。

图 4-108～图 4-111 是同时相不同极化方式的 SAR 图像及高压输电线及高压输电线塔地面照片。图 4-108 中 HH 极化的高压线有很强的反射回波，而 VV 极化的高压线部分有较弱反射回波，部分则无反射回波。图 4-111 中，HH 极化的某

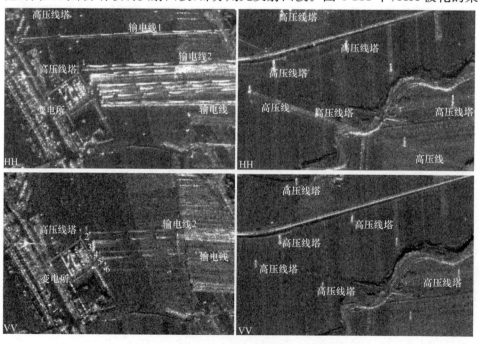

图 4-108　变电所及输电线不同极化 SAR 图像

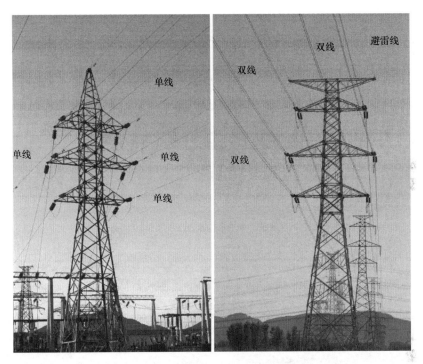

图 4-109　单线制与双线制高压输电线

图 4-110　四线制与六线制高压输电线

图 4-111　高压线塔 HH 和 VV 极化图像

段高压线有较弱反射回波,而 VV 极化的高压线则无反射回波,只显现出高压输电线塔。从这两幅图像可以看出极化方式对目标成像的影响之大。图 4-111 中的两种极化方式对输电线显现的不同效果图像,可分析判断出图像中显现的多条输电线的电压是不相同的,且变电所上部的输电线 1 和变电所右下部的输电线 6 的电压低于输电线 2~5。按输电电路国标要求,不同的输电电压,其采用的是不同的线制和线径,通常输送电压越高,输电线直径越大,并采用多线制。我国目前由各电厂(或电站)向外(远距离)输送的电压有 110kV、220kV、330kV、500kV 和 750kV 五种,并多为 110kV、220kV、500kV 交流电向外输送,以直流电向外输送的较少。我国目前以 110kV 以下(含 110kV)的输电线多采用单线制(每一项输电线为一根电线),220~330kV 的输电线多采用双线制(见图 4-109),500kV 以上的输电线多采用四线制或六线制(见图 4-110)。

　　图 4-112～图 4-115 是 C 波段 SAR 对同一地区的高压输电线成像图,可以看出它们有较明显的差别。从以下数幅图像中可以发现,在具有二次反射条件(高压线下较平整)的情况下,HH 极化图像的信息量优于 VV 极化图像的信息量,而 VV 极化图像的信息量又优于 VH 极化和 HV 极化图像的信息量。HH 极化和 VV 极化在入射波与高压线垂直时可呈明显的强回波图像,而 VH 极化和 HV 极化却呈无明显的回波图像。图 4-114 是同时相 X SAR 交叉极化和同极化的高压输电线及输电线塔图像,从图像中可以看出,交叉极化的高压输电线塔的反射回波强度明显优于同极化(VV 极化)的反射回波强度。在不具有二次反射条件的情况下,HH 极化和 VV 极化对铁路及铁路桥目标的反射回波有较大的区别,VV 极化的反射回波明显强于 HH 极化的反射回波,在图像中其色调多为白色(见图 4-115)。

图 4-112　SAR 多极化高压线及线塔图像

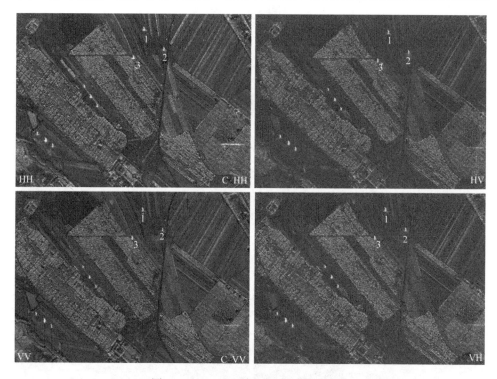

图 4-113　C SAR 多极化农业机械图像

图 4-114　X SAR 单极化与交叉极化高压线塔图像

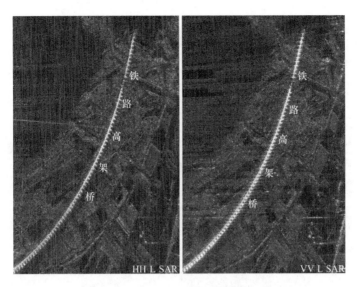

图 4-115　L SAR 同极化铁路桥图像

图 4-116～图 4-118 是通信天线塔和高压线塔不同极化方式获取的 SAR 图像。从图像中可以看出，HH 极化方式获取的通信天线塔和高压线塔的信息量明显强于 VV 极化方式获取的通信天线塔和高压线塔的信息量，但 VV 极化方式获取的通信天线塔和高压线塔图像则更能显现通信天线塔和高压线塔的细节，有利于此类目标的判读解译。

图 4-116　通信天线及高压线塔 C SAR HH 和 VV 极化图像

图 4-117　通信天线 X SAR HH 和 VV 极化图像

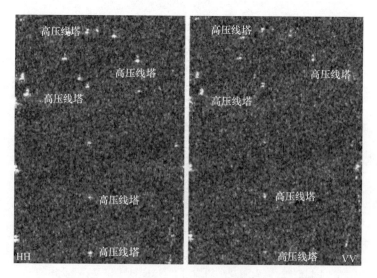

图 4-118　高压线塔 C SAR HH 和 VV 极化图像

3. 地物与目标不同极化图像的判读解译

了解 SAR 不同极化方式对不同目标与地物的反射特性的不同特性,采用不同的极化方式对目标与地物成像,便可从图像中解译出地物与目标的更多信息。以下是一些供参考的解译不同极化方式获取的某些目标与地物的 SAR 图像实例。

图 4-119 和图 4-120 是某机场停放的飞机图像。图 4-119 是某机场 HH 与 VH 极化方式获取的某型直翼飞机图像,从图像中可明显发现 HH 极化方式的飞机回波明显强于 VH 极化方式,而图 4-120 中的 HH 与 VV 极化获取的停放于停机坪上的飞机反射回波有一些差别,但反射回波基本相同。

图 4-119　机场停机坪停放飞机 X SAR HH 和 VH 极化图像

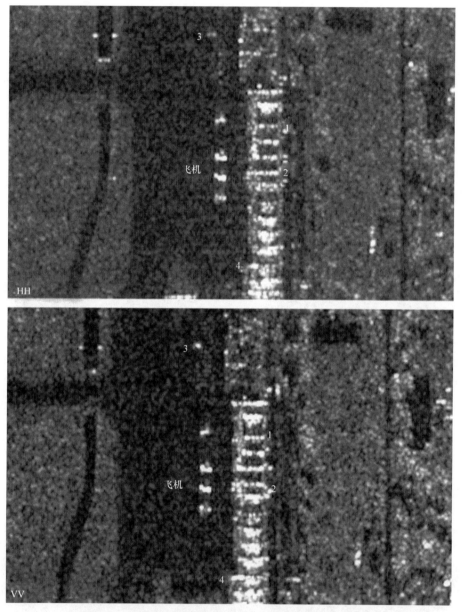

图 4-120 机场停机坪停放飞机 X SAR HH 和 VV 极化图像

图 4-121 是某城市中河流上的各型桥梁同极化图像。从图像中不难发现，由于极化方式的不同，VV 极化方式的 SAR 桥梁的反射回波强度大于 HH 极化方式的反射回波，根据不同极化反射特性，可以推断出桥面与河面的高度差不大（相对图像分辨率），未能形成较强的二次反射回波，而桥栏的一次反射回波较强，所以，VV 极化方式的 SAR 桥梁的反射回波强度大于 HH 极化方式反射回波强度。

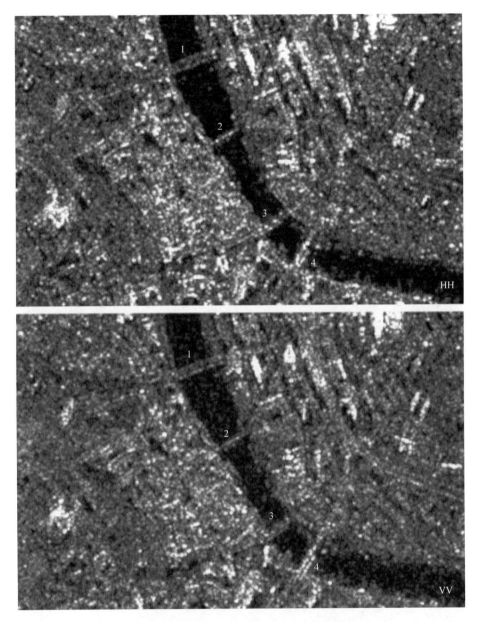

图 4-121 　 桥梁 X SAR HH 和 VV 极化图像

　　图 4-122 是某铁路转弯路段的同极化（HH、VV）SAR 图像（图中标注 1、2
处）。由于铁路路基与地面有一定的高度差，但铁路路基并不太高，受雷达入射角
和像元分辨率的影响，难以形成二次反射回波图像。依据不同极化的成像机理，
VV 极化的一次反射回波强于 HH 极化的一次反射回波，故在图像中 VV 极化的

成像色调明显比 HH 极化成像色调亮。从图像还可以发现铁路 1 与铁路 2 之间的铁路线呈黑色,根据多普勒成像机理,可推断出铁轨上应有一列火车正在高速运行通过。

图 4-122　X SAR 同极化铁路图像

对于 X 波段 SAR 而言,通常沥青混凝土质道面与水泥混凝土质道面均为光滑表面,但沥青混凝土质道面趋肤深度层内是非均匀物体(有一定颗粒度的碎石和沥青),而水泥混凝土质道面的趋肤深度层内是相对均匀物体(沙子和水泥),目标表面趋肤深度层内的非均匀物体引起的去极化效应,使得所有入射角范围内都有均匀的交叉极化,而对同极化(HH、VV)的入射波将产生不同的反射回波,但 HH 极化的回波远不如 VV 极化回波(一次反射回波)强。利用这一特性,使用 X 波段 SAR 成像设备,采用不同的极化方式,可区分不同质地的路面或道面(沥青混凝土质或水泥混凝土质)。从图 4-123 和图 4-124 可以看出,沥青混凝土质机场跑道及停机坪在 VV 极化方式下成像,呈中强反射回波灰色图像,而水泥混凝土质机场跑道及停机坪呈无回波反射的黑色图像。从而依据 X SAR VV 极化方式,可区分沥青混凝土质或水泥混凝土质道面(包括机场、公路等设施),而 X SAR HH 极化方式只有在某一特定入射角的情况下可以实现这一功能,大多数情况下无法实现这一功能。

图 4-125 是 Ku 波段某半地下式弹药库图像,由于其频率高,波长短,很多地物目标相对 Ku 波段都是粗糙表面,因此该波段成像雷达对地物的成像较易区分材质差异。

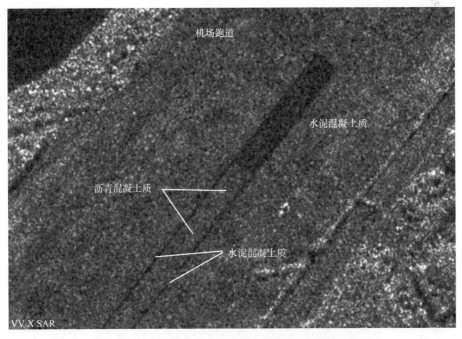

图 4-123　X SAR 同极化(VV)机场跑道及停机坪图像(一)

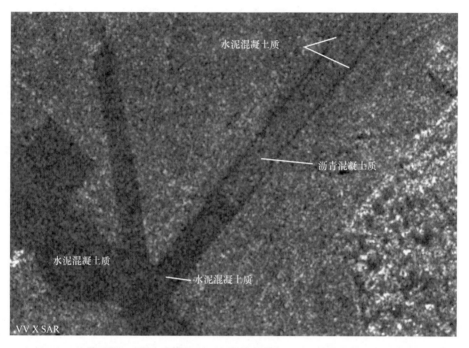

图 4-124　X SAR 同极化(VV)机场跑道及停机坪图像(二)

图 4-125　X SAR 同极化(VV)机场跑道及停机坪图像

从图 4-126 和图 4-127 中可以看出，VV 极化沥青混凝土质跑道的反射回波
（一次反射回波）强度明显强于 HH 极化水泥混凝土质的停机坪及滑行道的反射
回波。对于水面来说情况与陆地基本相似，但对房屋建筑区，HH 极化回波（二次
反射回波）强度大于 VV 极化回波强度，通常 HV、VH 交叉极化回波强度比同极
化回波强度低。因此，在比较同极化雷达图像和交叉极化雷达图像的灰度时应注
意这一差别。

图 4-126　X SAR(HH、VV)沥青混凝土跑道及水泥混凝土质停机坪图像

图 4-127　X SAR(HH)沥青混凝土跑道及水泥混凝土质跑道图像

　　图 4-128 和图 4-129 是某地水上网箱养鱼设施的 X SAR 高分辨率同极化图像。从图像中可以看出，HH 极化图像的浮筒及投饵机的反射回波明显强于 VV

极化,但其显示浮筒及投饵机的细节却不如 VV 极化的图像,造成这一现象的主要
原因是:图像分辨率较高,浮筒及投饵机与水面可产生较强的二次反射或多次反
射,HH 极化图像是由一次反射与二次反射共同能量的结合,而 VV 极化图像中大
部分能量是由一次反射回波产生的,相对于 HH 极化波而言,VV 极化反射回波要
比 HH 极化回波弱,但其对浮筒及投饵机的细节反映得要比 HH 极化细腻。

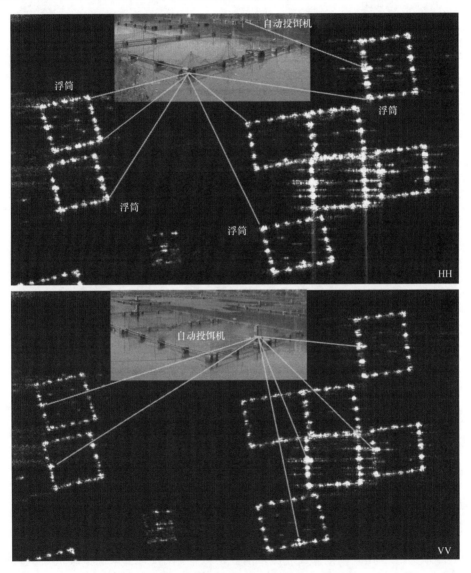

图 4-128　网箱养鱼设施 HH 和 VV 极化 SAR 图像(一)

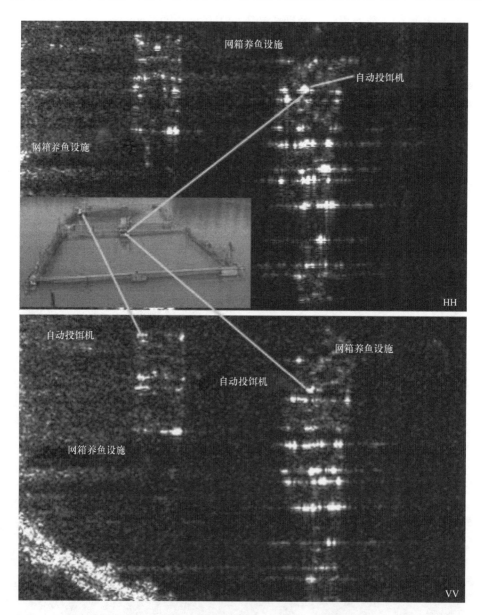

图 4-129　网箱养鱼设施 HH 和 VV 极化 SAR 图像(二)

　　图 4-130 是某专用油码头多极化图像,从图像中可清晰发现,VV 极化成像图的效果明显好于其他极化方式成像。由此可以推断出,对于水面上较低矮的目标(相对于图像分辨率)或难形成二次反射的目标(如浮标、航标灯、浮出水面或停泊于码头的潜艇等)采用 VV 极化方式成像能更好地反映出目标的细节与轮廓。

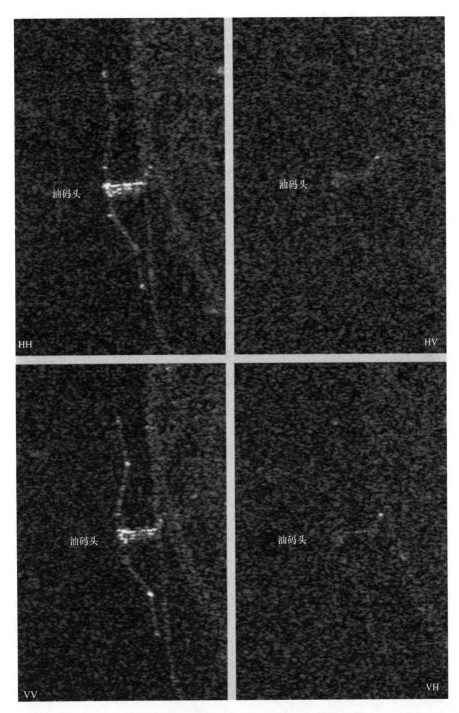

图 4-130　油码头 X SAR 多极化极化图像

　　图 4-131 是某地街道 1m X SAR HH 与 VV 极化同时相图像。从图像中可以发现,HH 极化方式成像的图像中标注的 1、2、3、4 四个亮点与 VV 极化中的四个亮点有一定的差异,即 HH 极化方式成像的亮点亮度大于 VV 极化中的四个亮点。依据同极化成像回波反射特性,可以看出 HH 极化方式成像时的二次反射回波大于 VV 极化方式成像的二次反射回波,由此可以推断出这些亮点是具有一定高度的目标,而非地面较低矮的点状目标,再根据目标所处位置及等间距排列等特性,可以推断这些点状目标是电线杆或路灯。

图 4-131　电线杆及路灯 HH 和 VV 极化 SAR 图像

图 4-132 是某地在修建的高速公路立交桥 HH、VV X SAR 图像。从图像中可以发现,在建高速公路与立交桥路面的图像色调有明显差别。高速公路的路基面是碎石和土质,而立交桥的路面是水泥混凝土质。但由于公路面正处于不同的施工阶段,路面的碎石粒度及轧整度不尽相同,所以路面的色调呈深浅不一的灰色,而立交桥路面在图像中呈黑色,由此可推断出是路面表面趋肤深度层内的非均匀物体引起的散射。根据雷达这一特性,在某些条件下利用不同的极化方式可区分水泥混凝土和沥青混凝土路面(如机场跑道、滑行道、停机坪等)的质地。

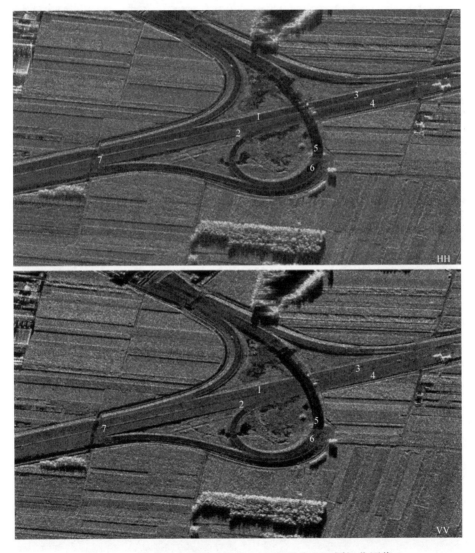

图 4-132　在建立交桥同时相 X SAR HH 和 VV 同极化图像

　　图 4-133、图 4-134 是某仓库和某大型厂房不同极化方式的 SAR 图像。从图像中可发现,库房和大型厂房墙体的反射回波 HH 极化方式明显强于 VV 极化方式。根据 SAR 极化波不同的反射特性、SAR 图像像元分辨率和图像亮度可推断出库房和大型厂房墙体有一定高度,且厂房的高度大于库房的高度。同理,图 4-135 是某练习场 SAR 不同极化方式图像,金属质栅栏的反射回波 HH 极化方式明显强于 VV 极化方式,可推断出练习场的金属质栅栏有一定高度(相对图像分辨率),但并不太高。

图 4-133　库房墙体与地面成二面角 X SAR HH 和 VV 极化图像

图 4-134　厂房墙体与地面成二面角 X SAR HH 和 VV 极化图像

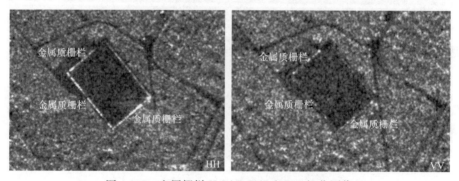

图 4-135　金属栅栏 X SAR HH 和 VV 极化图像

从以上多幅同极化和交叉极化 SAR 图像可以看出,建筑物、公路、桥梁、港口、机场、车辆等人造目标在同极化和交叉极化 SAR 图像中具有不同的极化特征,利用目标的这些极化特征可大大增加这些目标的分类识别概率;对某些目标(如相对于像元分辨率而言较低矮的目标,平顶建筑物上的不太高的小型建筑物或小物体),同极化(HH、VV)SAR 图像时常会出现"丢失"现象,而在交叉极化(HV、VH)SAR 图像中较少出现这种现象。利用目标的极化特征不同,对不同的目标应采用不同的极化方式成像,以获取理想的目标与地物图像。经验表明,对海上的石油污染,采用 VV 极化方式成像较好;对冰面采用 HH 极化方式成像较好;对海岸线采用 HV 极化方式成像较好;对水稻病虫害采用 HH 极化方式成像较好。

随着全极化 SAR 处理与分析技术的不断发展,以及 SAR 图像解译辅助软件工具的进步,判读解译人员可通过对全极化 SAR 图像进行极化分解、极化伪彩色合成、极化特征提取等方法,进一步解译出地物与目标的更多信息。感兴趣的读者可参考极化 SAR 处理与分析的书籍(Lee,Pottier,2013;王超等,2008)。下面给出几个利用极化分解与合成方法解译全极化 SAR 图像的实例。

图 4-136 为机场某建筑的不同极化通道图像及其 Pauli 分解伪彩色合成图,图像上部最为明亮的区域应为某建筑的顶棚(推测为金属材质)。通过 Pauli 分解与伪彩色合成,可以发现该区域主要呈现蓝紫色,表明散射分量以表面散射为主;但有一条亮线呈现红色,表明其主要为二面角散射,因此推测该条亮线来自于建筑墙面与地面形成的二次散射。通过上述细化分析,可以利用顶部散射与二次散射的距离差并根据当地入射角来估算建筑的高度。

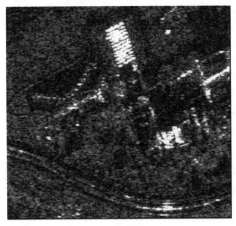

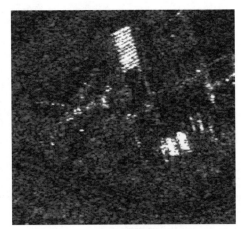

(a) HH   (b) HV

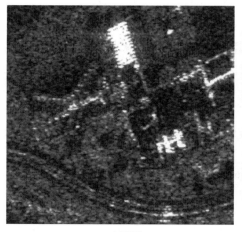
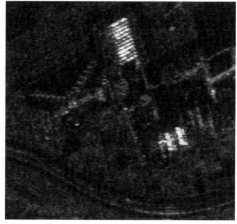

(c) VV　　　　　　　　　　　　　　　　　　(d) Pauli 分解伪彩合成图

图 4-136　机场某建筑的不同极化通道图像及 Pauli 分解伪彩色合成图(见文后彩图)

图 4-137 为某机场的 Pauli 分解为彩图以及飞机遮阳棚的局部放大伪彩图和各极化通道的图像,通过 Pauli 分解可知,该飞机遮阳棚的图像散射机理为表面散射,在伪彩图中呈现偏蓝色。因此,可以推测该遮阳棚是金属材质而非工程塑料材质。经过实地考察,验证了这一推断。

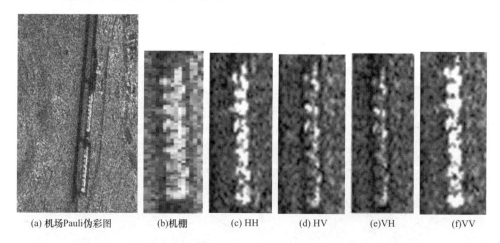

(a) 机场 Pauli 伪彩图　　(b) 机棚　　(c) HH　　(d) HV　　(e) VH　　(f) VV

图 4-137　某机场 Pauli 分解伪彩图及各极化通道的图像(见文后彩图)

4.5.3　极化与噪声

噪声即杂波,是接收机内部产生或由加于接收机输入端的一种微小的杂乱起伏的电压或电流引起,包括从天线口进到接收机系统输入端的噪声(源噪声,分为外部源噪声和内在的天线噪声)和接收机系统本身产生的噪声(接收机噪声)。在自由空间中,接收回波的功率与发射脉冲功率之比,与 $1/R^4$ 成比例。SAR 成像系统在进行设计和研制中,虽然进行了抑制各种噪声的处理,但由于多方因素的限制,仍难以做到全部抑制各种噪声。

　　SAR 图像的信噪比是影响图像质量的一项重要指标。SAR 图像的噪声过大将影响 SAR 图像目标的判读解译质量,尤其是对一些小型目标,其直接影响目标的判读解译的准确度。图 4-138 与图 4-139 是机场停机坪停放的飞机与大型厂房机载 SAR 不同极化方式获取的图像,噪声的存在对飞机与大型厂房房顶的判读解译造成了一定的影响。

图 4-138　机载 SAR 停机坪与飞机 VV 与 VH 极化图像

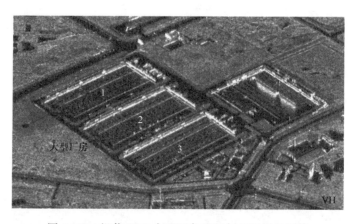

图 4-139　机载 SAR 大型厂房 HH 与 VH 极化图像

　　依据 SAR 成像机理、交叉极化的去极化机理、SAR 信号接收机及成像设备功能等特性,同极化 SAR 与交叉极化 SAR 对地物目标成像,显现在图像上的噪声会有一定的差别。在诸多成像条件(如探测方向、入射角成像平台高度等)相同情况下,由于极化方式的不同,通常 HH 极化与 VV 极化 SAR 图像相比,图像中的噪声(图像中的斑点)大小基本一致,尤其是平整地物(如水面、平坦的广场、道路、机场跑道等)成像后其噪声大小尤为明显突出(见图 4-140～图 4-142),而 VH 极化与 HV 极化图像相比,图像中的噪声大小也基本一致(见图 4-143 和图 4-144),但在诸条件相同情况下,交叉极化(VH 与 HV)图像中的噪声远大于同极化(HH 与VV)图像中的噪声,尤其是对水面成像更加明显(见图 4-145～图 4-149)。

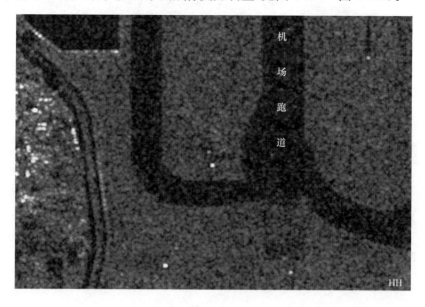

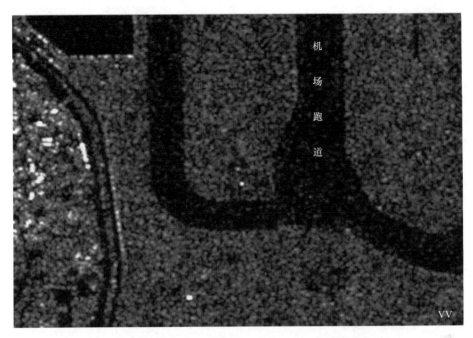

图 4-140　星载 SAR 机场跑道 HH 和 VV 极化机场跑道图像

图 4-141　机载 SAR HH 和 VV 极化水塘图像

图 4-142　机载 SAR 小型水库水面 HH 与 VV 极化图像

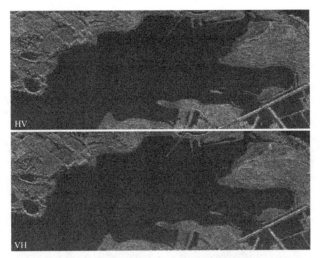

图 4-143　机载 SAR HV 和 VH 极化水塘图像

图 4-144　机载 SAR 铁路目标 HV 和 VH 极化图像

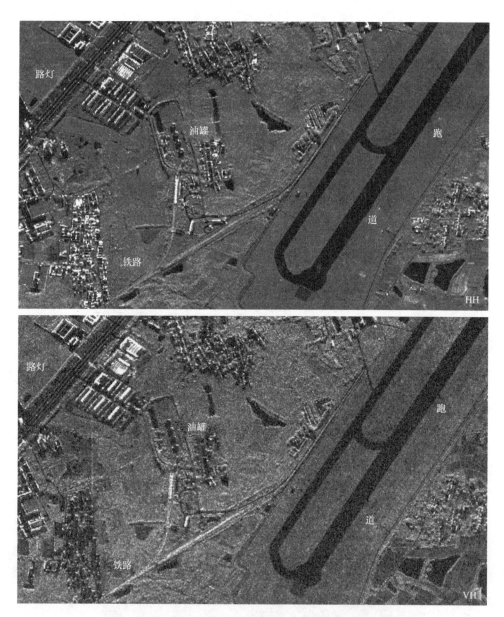

路灯

油罐

跑

道

铁路

HH

路灯

油罐

跑

道

铁路

VH

图 4-145　机载 SAR 机场跑道等目标 HH 和 VH 极化图像

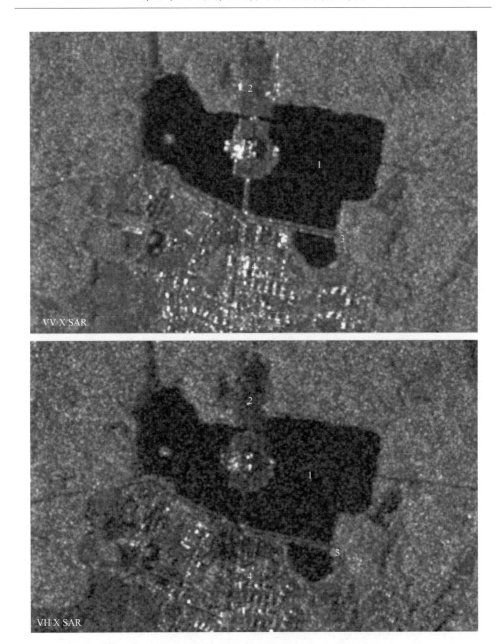

图 4-146　水面及植被 VV 和 VH 极化 SAR 图像
1. 水面；2. 长有低矮植物的地面

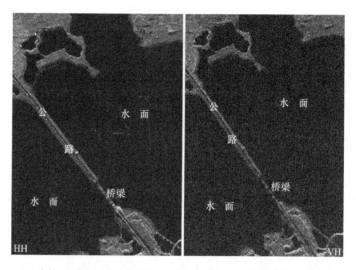

图 4-147　机载 SAR 水面及桥梁 HH 和 VH 极化图像

图 4-148　停车场及车辆 HH 和 VH 极化 SAR 图像

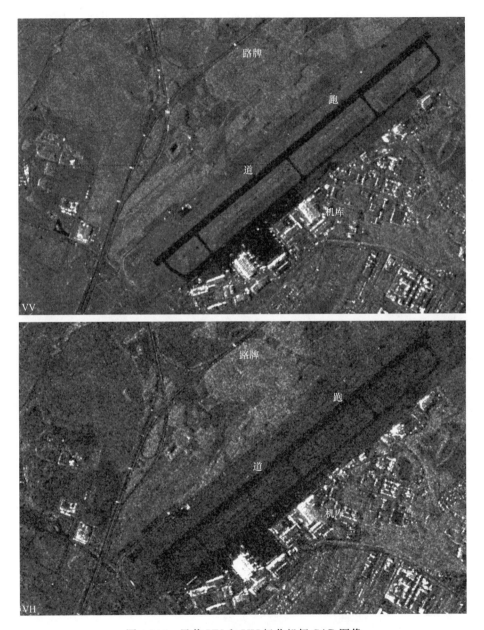

图 4-149　星载 VV 和 VH 极化机场 SAR 图像

4.6　视角、俯角、探测方向和入射角对目标成像的影响

4.6.1　视角、俯角

（1）视角（ψ）：也称高程角，雷达天线和地面的垂线与到入射点的发射波束之间的夹角（见图 4-150）。

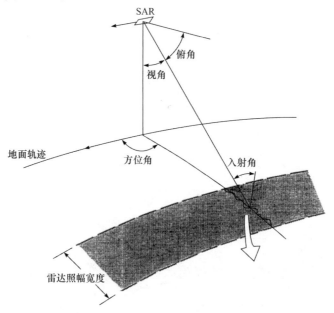

图 4-150　雷达系统成像几何示意图

（2）俯角（β）：是天线水平线与从雷达到入射点的发射波束之间的夹角（见图 4-151）。

视角与俯角为互余关系，是在雷达图像中测算某点的地物与目标的有关信息的重要参数（如计算某点目标的高度等）。

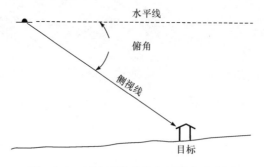

图 4-151　雷达系统成像几何俯角示意图

4.6.2　探测方向及对目标与地物成像的影响

1. 探测方向

探测方向是指雷达波束照射某一物体时所指的方向。表示方法一般是从正北按顺时针方向到雷达波束的夹角,通常用 0°~360°表示(见图 4-152)。

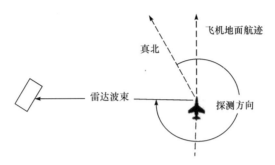

图 4-152　雷达探测方向示意图

2. 探测方向对目标与地物成像的影响

在探测目标与地物诸因素(如雷达的波长、极化方式、入射角、物体或目标的介电常数等)基本相同的条件下,一个目标或地物在雷达图像中呈何形状或灰度,在很大程度上取决于雷达的探测方向,即雷达的探测方向是地物或目标在雷达图像中呈现何形状或亮度(反射回波强度)的决定因素。

图 4-153 是 3m 分辨率俯角为 40° SAR 从不同探测方向对同一飞机(美 C-118 运输机,飞机机头所指方向为真北)的成像示意图,从图中可清晰看出由于探测方向不同,飞机的成像图像有很大区别。当探测方向为 0°和 180°时,飞机 SAR 成像基本相似,图斑主要是飞机的发动机、垂直尾翼和机头等部位的散射中心反射波成像图;探测方向为 45°和 135°的成像,飞机图斑基本相似,除具有飞机的发动机、垂直尾翼和机头等部位 0°和 180°的成像图斑外,飞机的机身部分部位也产生了反射回波图斑;探测方向为 90°时,飞机的发动机、垂直尾翼、机身和机头均产生反射回波图斑。从图 4-153 可看出,探测方向为 45°和 135°时,SAR 图像可较全面地显现飞机的各个部位,且图像中的飞机各部位的反射回波强度没有其他探测方向的回波强度大;探测方向为 90°时,飞机的发动机、垂直尾翼、机身和机头等均可产成回波反射图像,但图像可能会出现饱和状况(视雷达波入射角而定),使飞机各细部难以区分。图 4-153 显示,对 C-118 运输机采用不同的探测方向成像,其在雷达图像中的形状或亮度是不同的,也可以说合成孔径成像雷达的探测方向决定了飞机在

SAR 图像中呈现的形状和亮度。

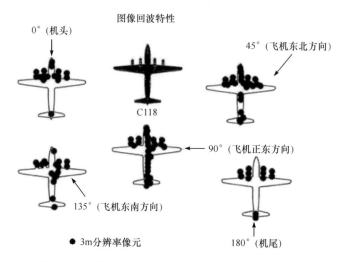

图 4-153　不同探测方向的 C-118 飞机雷达成像图斑

　　因此,为了获取地物与目标的更多信息,便于地物与目标图像判读解译,应尽量采用多个探测方向成像,以获取地物与目标的不同部位或部件的回波图像。但最好不采用 0°、90°、180°、270°的探测方向成像,尤其是对强反射体目标和城市目标成像(为便于建筑物内采光,多数国家或地区的建筑物多呈东西向或南北向布设,采用 0°、90°、180°、270°的探测方向成像,会造成反射回波过强或饱和),以避免由于回波过大而引起的地物与目标细节的丢失或缺损,影响判读解译人员对地物与目标的判定。

　　图 4-154 是同一机场内个体停机坪上停放的两架直翼飞机,上半部图像雷达入射波的探测方向与直翼飞机近似 270°,下半部图像雷达入射波的探测方向与直翼飞机近似 140°,但上半部图像的飞机的机翼、机身、垂直尾翼与水平尾翼等部件均有强回波反射,而下半部图像的飞机只有飞机发动机有强回波反射,垂直尾翼与水平尾翼有一定的回波反射。

　　图 4-155 是不同方向摆放的 5 辆同型别的装甲车辆,雷达入射波是从上向下入射的,从而形成了对 5 辆装甲车辆的不同探测方向的成像,成像后的同种装甲车辆的反射回波则明显不同。从图 4-154 和图 4-155 中可以看出,由于探测方向的不同,直翼飞机和装甲车辆的成像结果产生了很大差异,可见探测方向对地物与目标成像的影响之大。

图 4-154　不同测方向直翼飞机机载 SAR 图像

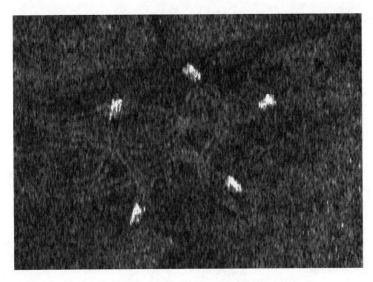

图 4-155　不同探测方向的装甲车辆星载 SAR 图像

　　以下多幅图像是数个地区的不同探测方向不同地物与目标的 SAR 图像,可有助于理解探测方向对目标成像的影响。图 4-156 中的高压电线塔(图中标注的 1、2、3),由于两幅图像的雷达入射波相差 90°,其成像后的目标影像有很大的不同。

图 4-157 是同一公路桥梁的不同探测方向(探测方向相差 90°)的 SAR 图像,公路桥的引桥及主跨段影像明显不同。从此幅图像的上半幅图中可以看出,桥梁两端的路堤(图中标注的 1、3)由于阴影很明显,则较易分析判别路堤的有关诸元,而下半幅图像则不如上半幅图像那么明显。

图 4-156　X SAR 不同探测方向的高压线图像

图 4-157　X SAR 不同探测方向的公路桥图像

　　图 4-158、图 4-159 分别是两个火力发电厂不同探测方向的 SAR 图像（探测方向相差 180°），图像中的发电机厂房、锅炉间、变电所及冷却塔成像后的影像明显不同。

图 4-158 X SAR 不同探测方向的火电厂图像(一)

图 4-159　X SAR 不同探测方向的火电厂图像(二)

　　图 4-160 为同一林地的不同探测方向的 X SAR 图像(探测方向相差 90°)。由于探测方向的不同,成像后的林地目标亮度有明显差别。图像中的左侧图像的色调较均匀,而右侧图像的色调较零乱且不一致。图像中的 1、2 为树林,3 为道路。由于这一图像的色调差异,可以判断出图像中 2 处的树林长势不如 1 处的树林长势好,且密度不一致。

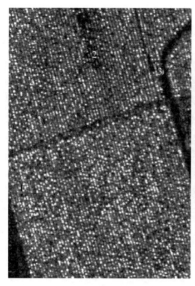

图 4-160　X SAR 不同探测方向的林地图像
1. 树林；2. 稀疏的树林；3. 道路

　　图 4-161 是某果园同时相 SAR 图像与可见光图像的对比图。从可见光图像中可以发现图中标注的 1 与 2 和 3 与 4 是两对相同的植物，但由于种植植物时田垄的方向不同，与雷达入射波有呈近似垂直状（如图中标注的 1、4）和与雷达入射波有呈近似平行状（如图中标注的 2、3）。由于雷达波是从图像的上方向图像的下方入射的，形成了对同种地物不同探测方向的雷达图像，因田垄与田垄间的高低不同，与雷达入射波呈近似垂直状的田垄有较强的反射回波，而与入射雷达波呈近似平行状的田垄则多为镜面反射，基本上无反射回波。所以造成了同种植物由于种植时田垄的方向不同，在雷达图像中则呈现出不同的色调，这一现象易造成图像判读解译时对地物与目标定性的错误。由此可见雷达的探测方向对地物目标成像的影响之大。

　　图 4-162～图 4-167 为高压输电线路 SAR 图像。由于高压线塔的固定方位是随线路的走向变化而变化的，在雷达成像中构成了雷达入射波与高压线塔及输电线的探测方向的改变，则高压线塔及输电线成像后的光斑形状及大小、亮度产生较大区别。图 4-162 中同种样式的高压线塔 1 与高压线塔 3、高压线塔 6 成像后的图像均出现了不同，高压线塔 1 与高压线塔 6 的图像形状、大小均有明显的差异。图像中高压线塔 1 只可识别线塔，而无法识别其主要结构，而高压线塔 6 则不但可识别线塔，而且可识别其主要结构。从图像中可以发现，图像中的高压线塔是同类型的，但由于高压输电线的走向发生了变化，高压线塔的布设方向也势必随之发生变化，形成了高压线塔与雷达探测方向的不同，则高压线塔的成像产生了很大变化。

从识别地物与目标角度而言,高压线塔 3 更有利于目标识别,而高压线塔 1 则不如高压线塔 3 好识别。其他几幅图像均是由于高压输电线路的走向发生了变化,形成了与入射雷达波的探测方向的变化,输电线塔及输电线成像后均发生了较大区别,尤其是图 4-163 中的输电线塔,由反射很强的亮线变成几乎难于发现的灰暗线段。

图 4-161　SAR 与可见光果园对比图像

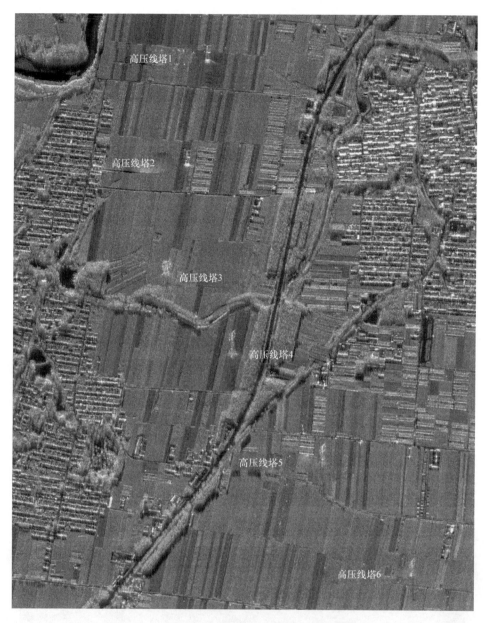

图 4-162　C SAR 不同探测方向的高压线塔图像(一)

图 4-163　X SAR 不同探测方向的高压线塔图像(一)

图 4-164　X SAR 不同探测方向的高压线塔图像(二)

图 4-165　C SAR 不同探测方向的高压线塔图像(二)

图 4-166　C SAR 不同探测方向的高压线塔图像(三)

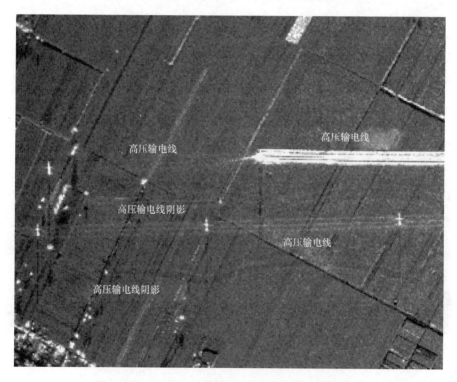

图 4-167　C SAR 不同探测方向的高压线塔图像(四)

　　图 4-168～图 4-181 是不同探测方向获取的不同地区、不同分辨率、不同波段的多种地物与目标 SAR 图像。通过对各图像的研判与解译,有助于加深理解探测方向对目标成像的影响。

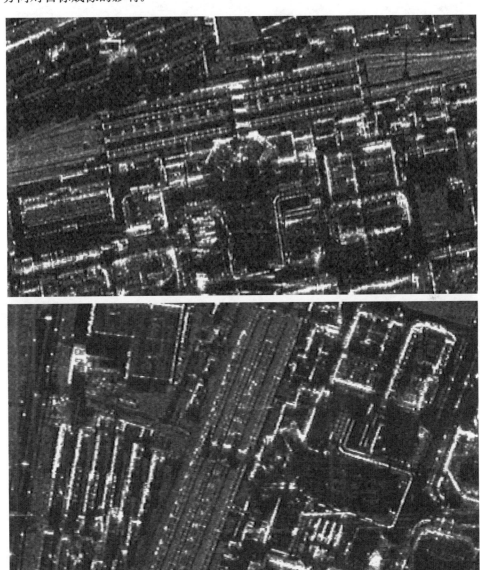

图 4-168　不同探测方向的客运火车站 X SAR 图像

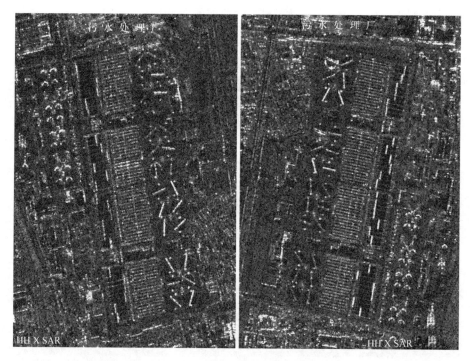

图 4-169　不同探测方向的污水处理厂 SAR 图像

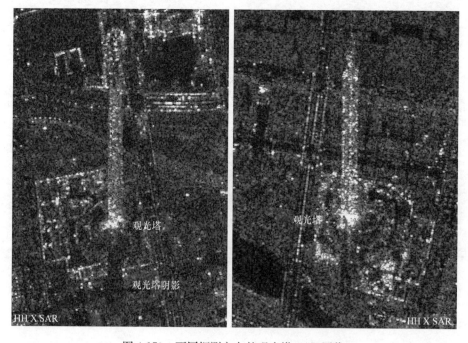

图 4-170　不同探测方向的观光塔 SAR 图像

图 4-171 不同探测方向的客运火车站 SAR 图像

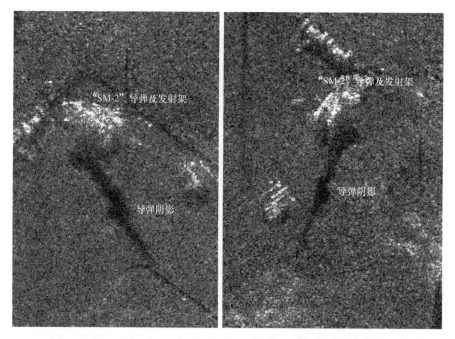

图 4-172　不同探测方向的"SM-2"地空导弹及发射架 SAR 图像

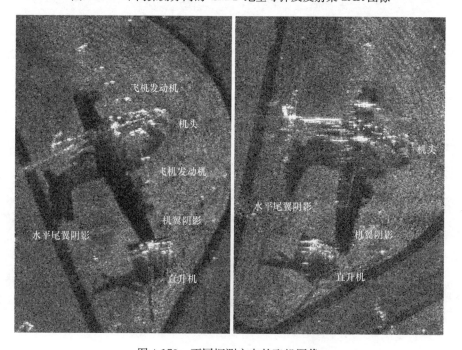

图 4-173　不同探测方向的飞机图像

图 4-174　不同探测方向的真假坦克、导弹发射车图像

图 4-175　不同探测方向的各种小型汽车图像(一)

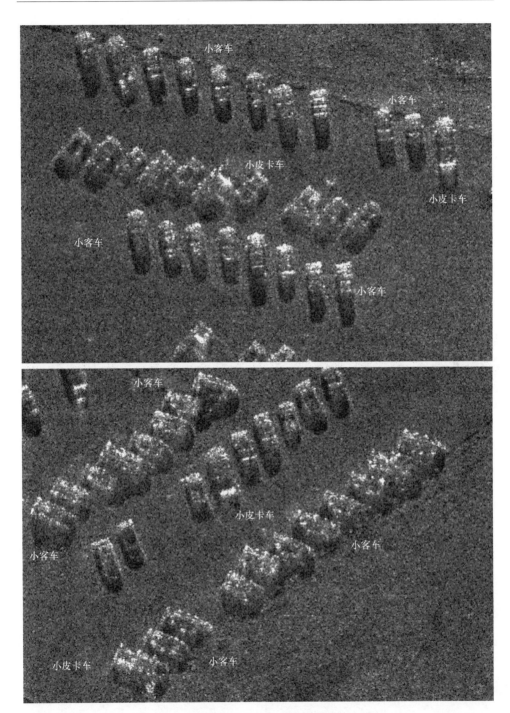

图 4-176　不同探测方向的各种小型汽车图像(二)

图 4-177　不同探测方向的建筑物与小汽车图像

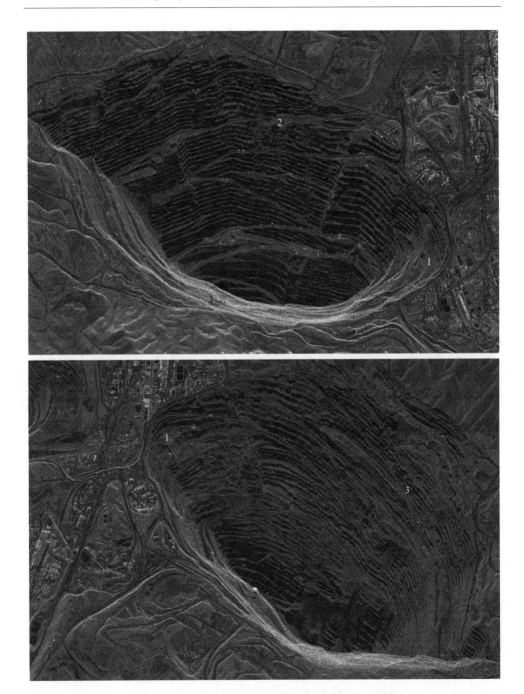

图 4-178　1m X SAR 不同探测方向的露天矿坑图像

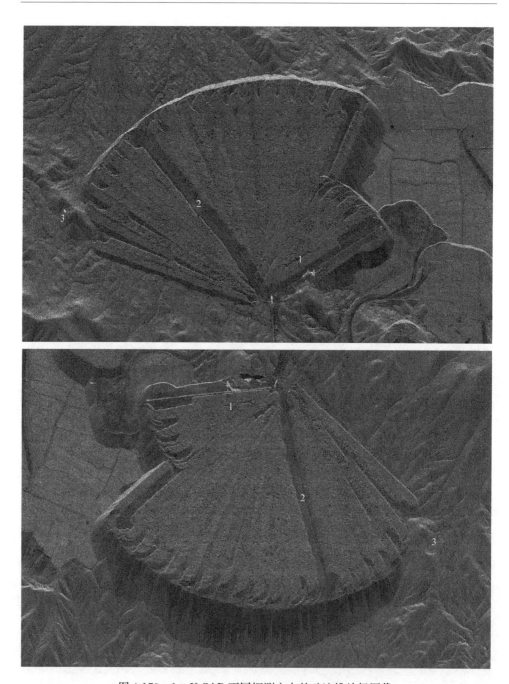

图 4-179 1m X SAR 不同探测方向的矿渣堆放场图像

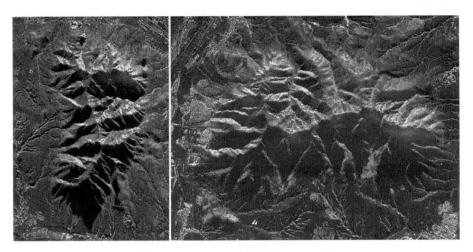

图 4-180　SAR 不同探测方向的山丘图像(一)

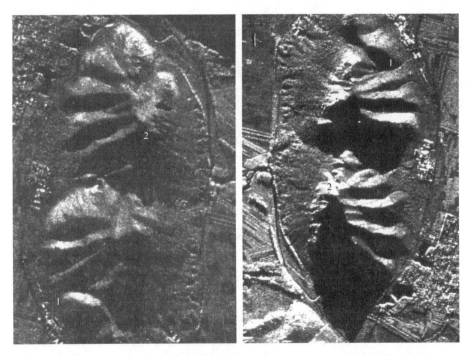

图 4-181　SAR 不同探测方向的山丘图像(二)

　　综上所述,从以上众多 SAR 图像实例可以发现,在 SAR 遥感成像条件(如雷达波长、极化方式、入射角等)一定情况下,雷达的探测方向将决定地物或目标在图像中所呈现的形状、大小(斑点的多少)或亮度。因此,对地物或目标采用 SAR 成像遥感时,为了获取地物或目标更多信息,利于目标图像判读解译,应尽量不采用

0°、90°、180°、270°、360°的探测方向角,以避免地物与目标在 SAR 图像中产生饱和等极端现象,影响地物与目标判读解译的准确性。

4.6.3 入射角及对目标成像的影响

1. 入射角

雷达入射波波束与当地大地水准面垂线间的夹角称为入射角(θ,见图 4-182)。

由于地物与目标所处地点的坡度、高度等诸因素的不同,地物与目标的入射角与雷达波入射角难免不一致(如图 4-182 中的本地入射角),因此,在进行图像地物与目标判读解译时应引起重视。

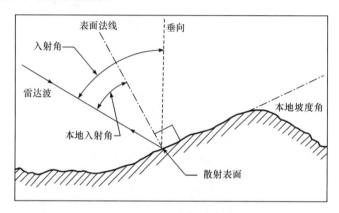

图 4-182　雷达成像入射角示意图

2. 入射角对目标成像的影响

在 SAR 成像过程中,雷达波入射角是影响地物与目标入射雷达波后向散射的主要因素,尤其是高大地物与目标成像后地物与目标产生叠掩、透视收缩现象的主要因素(见图 4-183),也是影响雷达实际穿透力的重要因素。因此,在制订 SAR 遥感成像计划时,为获得理想的图像质量及观测效果,应根据不同的地物或目标采用不同的雷达波入射角。

图 4-184~图 4-192 是同一探测方向不同入射角获取的不同地物与目标 SAR 图像。从图 4-184 中可以发现,由于入射角的不同(成像条件基本同图 4-183,即入射角差别不大),但同一建筑物的成像结果大不相同,尤其是彩钢板平顶房的房顶差别更为明显。以下数幅图像是不同入射角条件(成像条件均与图 4-183 基本相同)下获取的不同地物与目标 SAR 图像,有助于加深理解雷达波入射角对地物与目标成像的作用与影响。

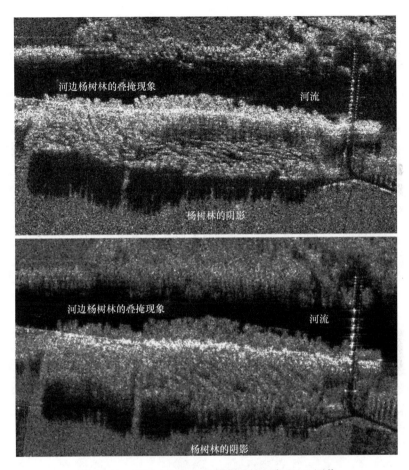

图 4-183　不同入射角的杨树林叠掩现象 SAR 图像

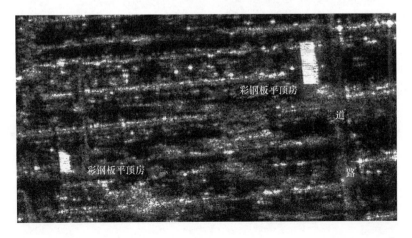

图 4-184　X SAR 不同入射角建筑物图像

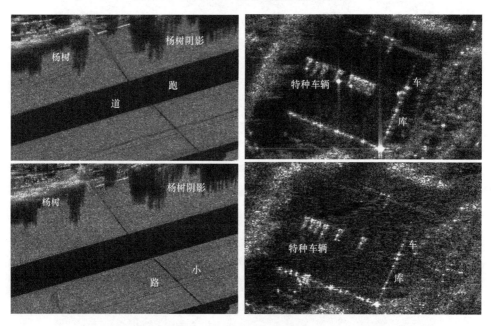

图 4-185　X SAR 不同入射角图像

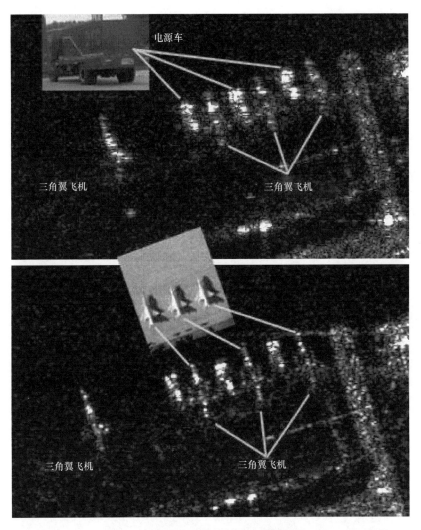

图 4-186　X SAR 不同入射角飞机图像(一)

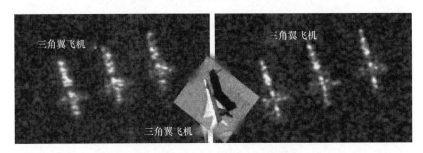

图 4-187　X SAR 不同入射角飞机图像(二)

图 4-188　X SAR 不同入射角钢筋骨架图像

图 4-189　X SAR 不同入射角农田植物图像

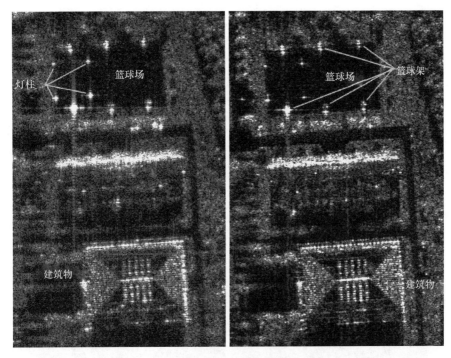

图 4-190　X SAR 不同入射角建筑物图像(一)

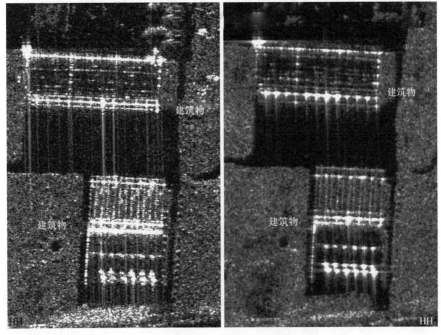

图 4-191　X SAR 不同入射角建筑物图像(二)

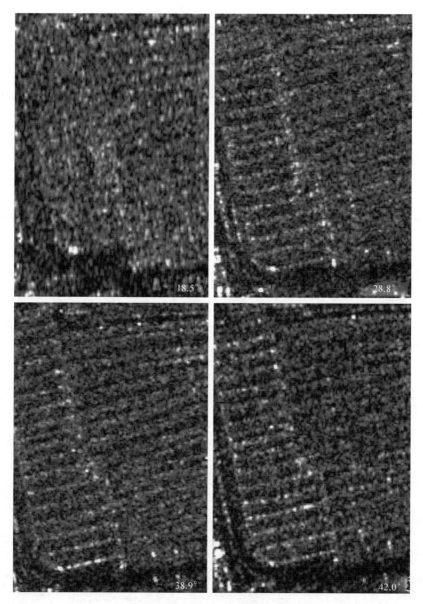

图 4-192   X SAR 不同入射角建筑物图像(三)

从上述图像中已经可以看到入射角对目标成像的影响。需要指出的是,海面散射特性与入射角的关系非常大。当入射雷达波的入射角大于 40°后,海域散射明显开始变小,与陆地的对比度非常大,而入射角小于 40°时,海陆对比度则不甚明显。

第5章　雷达图像目标判读解译注意事项

SAR 成像遥感是一种综合性技术,其涉及雷达、电磁波传播、信号处理、图像判读解译等多种技术。图像目标判读解译是一个涵盖多学科、多领域的专业,是航空航天成像遥感中的一个极为重要的环节。

SAR 图像主要反映地物与目标的电磁特性。当雷达发射的电磁波击中目标,并与目标发生相互作用后将一部分电磁波反射回雷达构成雷达回波。不同地物与目标的雷达回波是不一样的,振幅的不同在图像上将以灰阶的不同体现出来。因此,目标与电磁波的相互作用在 SAR 图像目标判读解译中至关重要。

SAR 图像可认为是地物与目标对雷达发射电磁波散射的回波强度与时差分布图。地物与目标的散射特性对雷达图像的形成及其对雷达图像的目标判读解译有着重要的影响。地物对照射其上的电磁波会产生折射、穿透、反射或吸收,根据地物的物理性质及其几何尺寸、表面起伏状态与波长的相对关系,电磁波将发生镜面反射及漫反射(散射),或穿透地物。

SAR 图像中地物目标的成像形状或亮度主要取决于地物目标特性(如几何形状、目标的结构、质地、含水量等)和雷达特性(如雷达的分辨率、波长、极化方式、雷达波入射角、探测方向等)。对同一目标而言,其成像形状或亮度则主要取决于雷达的分辨率、波长、极化方式、雷达波入射角、探测方向等。

图像目标判读解译是利用目标在图像中的几何形状、大小、色调(颜色)、纹理、阴影、位置和活动(痕迹)等特征对其进行识别、确认,以判明目标的性质、数量和所处状态等。通过前面的章节,我们已经了解 SAR 图像目标判读解译有别于可见光图像、红外图像、高光谱图像等的目标判读解译,这主要是由 SAR 图像的成像机理特殊性所造成的。本章主要叙述判读 SAR 图像所需要注意的事项,供 SAR 判读解译人员参考。

5.1　判定 SAR 图像雷达入射波方向

通常,可见光图像、红外图像、高光谱图像等图像目标判读解译是将图像的目标阴影朝向下方,以利于图像判读解译人员能正确地观察图像中目标的高低起伏(见图 5-1、图 5-2),准确地判明各目标的性质,且图像目标的阴影是图像目标识别的一大重要特征。

(a) 阴纹三叶图形   (b) 阳纹三叶图形

图 5-1   阴纹和阳纹三叶图形

图 5-2   农田可见光图像阴影方向调整前后效果图像

　　为获得良好的目标判读效果,应使光源来自前方,即将图像上的目标阴影朝向
自己(阴影朝下),否则在图像目标判读解译时容易产生错觉。图 5-1 是一幅阴纹
三叶图形和阳纹三叶图形,这两幅图形其实是一幅图,只是将两幅图的摆放角度相
差了 180°,但人眼的观察却出现了极不相同的效果。因此,在进行图像地物目标
判读解译时,无论是光学图像,还是 SAR 图像,判读解译人员都应将图像的阴影朝
向下方,以保障人眼观察图像时的地物与目标的高低与实际相符,为准确判明地物
与目标性质提供有利条件。图 5-3~图 5-13 是几组不同地物与目标的不同摆放方
向的光学与 SAR 图像。从以下数组图像可以发现,由于图像的阴影摆放方向不
同,对图像判读解译人员准确判明地物与目标的性质影响之大。

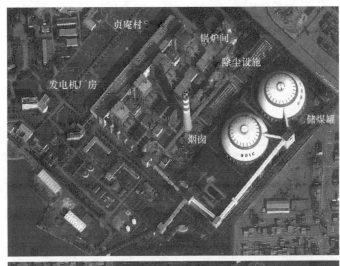

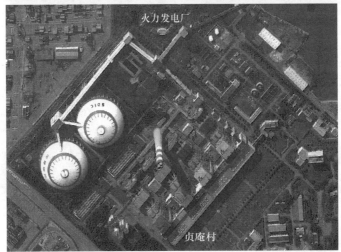

图 5-3　火电厂可见光图像阴影方向调整前后效果图像

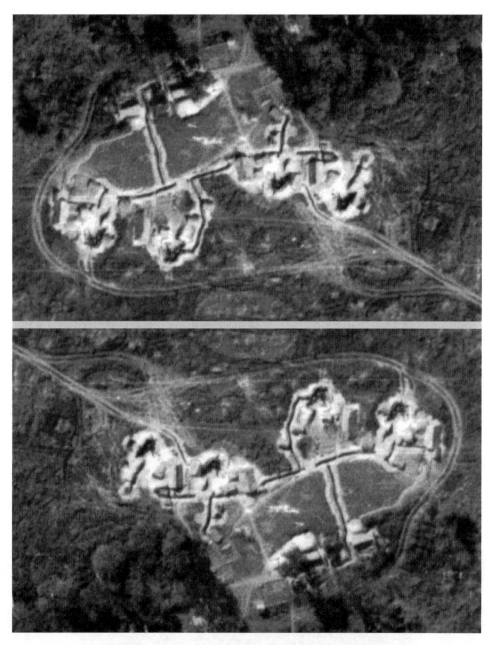

图 5-4　火炮阵地可见光图像阴影方向调整前后效果图像

图 5-5　雷达阵地可见光图像阴影方向调整前后效果图像

图 5-6　火山口可见光图像阴影方向调整前后效果图像

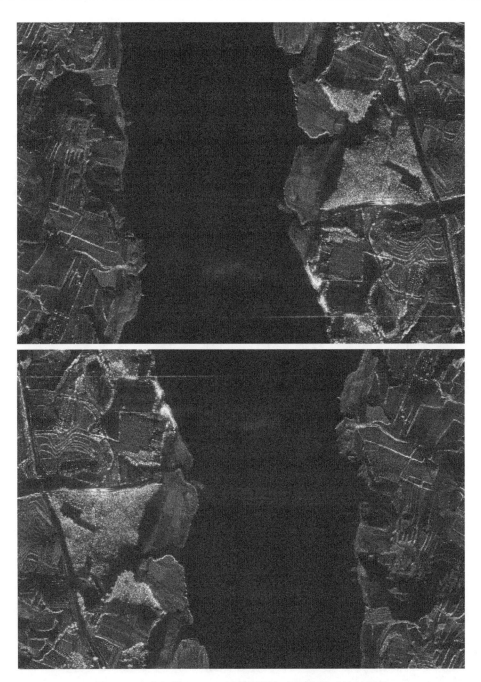

图 5-7　水库与梯田 SAR 图像阴影方向调整前后效果图像

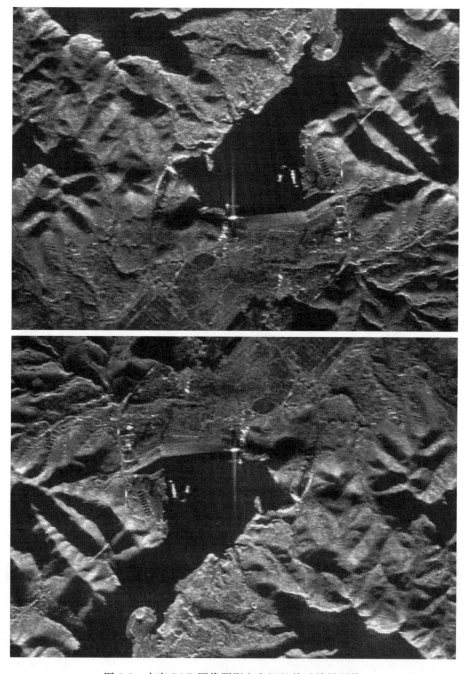

图 5-8　水库 SAR 图像阴影方向调整前后效果图像

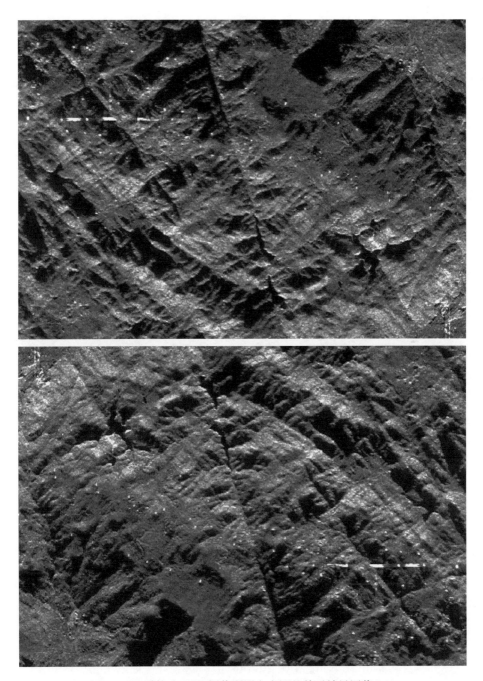

图 5-9　地质构造 SAR 图像阴影方向调整前后效果图像(一)

图 5-10　地质构造 SAR 图像阴影方向调整前后效果图像(二)

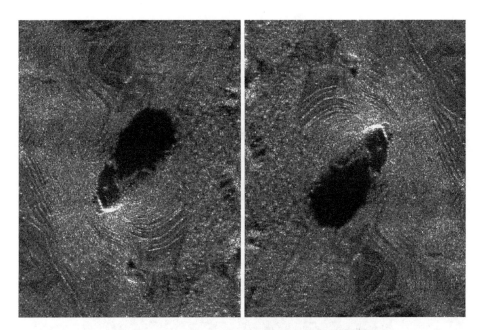

图 5-11　山丘 SAR 图像阴影方向调整前后效果图像

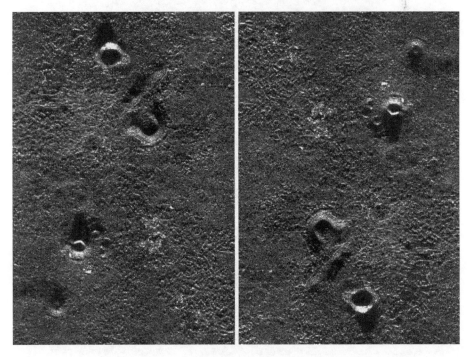

图 5-12　火山口 SAR 图像阴影方向调整前后效果图像(一)

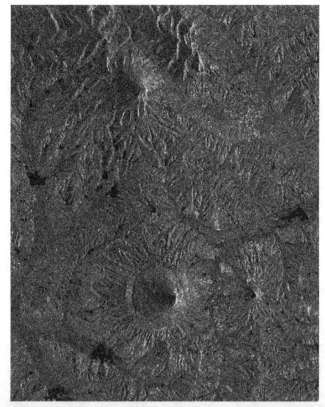

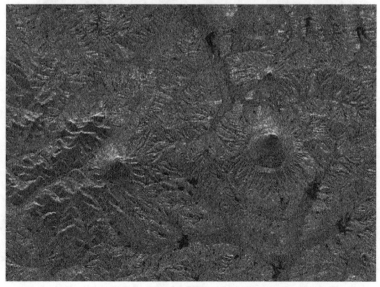

图 5-13　火山口 SAR 图像阴影方向调整前后效果图像(二)

5.1.1　成像诸条件完备情况下的 SAR 图像阴影方向判定

可见光图像的目标阴影是由于阳光的照射受阻引起的,通常情况北半球太阳回归线以北一年四季目标的阴影是朝北的,而南半球太阳回归线以南一年四季目标的阴影是朝南的,南北太阳回归线之间的地物与目标阴影一年四季有一定的变化,其阴影朝向视太阳赤纬角决定。雷达图像是有源图像,其目标的阴影是由雷达入射波的照射方向决定。SAR 图像的成像机理有别于可见光图像,其成像后的目标存在顶底倒置、叠掩、二次反射及方位向、距离向模糊等现象,因此图像地物与目标判读解译时更需要将 SAR 图像的目标阴影朝向下方。在雷达图像中如何判定雷达入射波方向,是决定图像目标阴影的关键所在。机载 SAR 和星载 SAR 雷达入射波方向判定既相同但又有一定的区别,本书仅举几个小例子来说明如何在图像上判断雷达入射波方向的方法。

当前,机载 SAR 成像方式较为灵活,可在运动方向的任一侧成像(即左、右侧视方式成像)。机载 SAR 成像图像雷达入射波方向的判定,可根据飞行器的飞行航向和雷达的侧视方式判定入射波方向;带有地理信息的机载 SAR 图像,雷达入射波方向的判定较不带地理信息的图像入射波方向要复杂些,但可根据飞行器的飞行航向和雷达的侧视方式判定入射波方向。不带有地理信息的机载 SAR 成像可使用右侧视或左侧视成像方式,但无论采用何种方式成像,首先应将图像按起始向到结束向由左向右摆放,右侧视成像时的摆放是阴影朝下;左侧视成像应在按方向摆放后再将图像旋转 180°即可。如已知飞机是由西向东飞行,右侧视成像,只需将 SAR 图像按飞行方向在显示器上显示即可(图像阴影方向是朝向下方的,见图 5-14);如是左侧视成像,应将 SAR 图像按飞行方向在显示器上显示,再将图像旋转 180°实现阴影朝下(见图 5-15、图 5-16)。

图 5-14　机载 SAR 右侧视图像入射波正确摆放

图 5-15　机载 SAR 左侧视成像图

图 5-16　机载 SAR 左侧视图像入射波正确摆放

　　对于整幅星载 SAR 图像的入射波方向的判定,与卫星的升、降轨、发射倾角和成像方式密切相关。卫星通常只有升轨和降轨两个运动方向(即多为南北向或北南向运行),而卫星发射倾角的数值通常是受任务所定,且主要采用一种侧视成像方式(左侧视或右侧视)成像,并带有地理信息。星载 SAR 成像后,图像原始数据经压缩、传输、接收、解压缩、成像处理成可视图像。此图像多呈与计算机屏幕带有一定倾斜角度(因图像带有地理信息)的四边形(整幅图像)显示在计算机屏幕上。图像目标判读解译时可根据卫星的发射倾角、升降轨和侧视方式进行判定雷达入射波方向。

　　如 SAR 成像遥感卫星,无论是升轨还是降轨,大多采用右侧视成像方式,计算机屏幕上的图像均为上北下南方位显示,在进行图像目标判读解译时,应正旋(升轨)或负旋(降轨)某一角度(根据卫星发射轨道倾角确定),经图像旋转后,计算机屏幕上的图像则成为雷达入射波由上到下的方向(即阴影向下),此时可正确进行图像目标判读。如某 SAR 成像卫星采用右侧视方式升轨成像或降轨成像成像,则应正旋或负旋某一角度(卫星发射倾角),则旋转后的图像其入射波方向是由上到下的(对显示屏而言),此时的图像观察效果与未进行旋转的图像会有很大区别(见图 5-17 和图 5-18)。

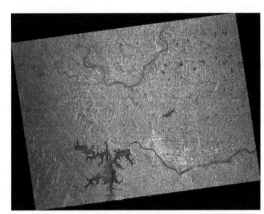

(a) 带有地理信息的原图像

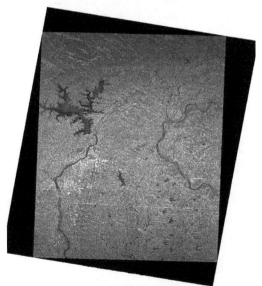

(b) 调整阴影方向后的图像

图 5-17　带有地理信息的星载升轨 SAR 入射波判定后图像

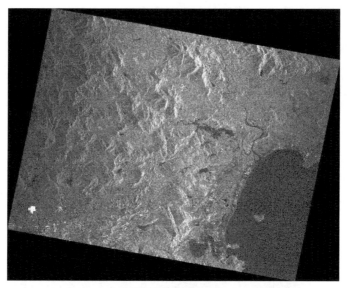

(a) 带有地理信息的原图像

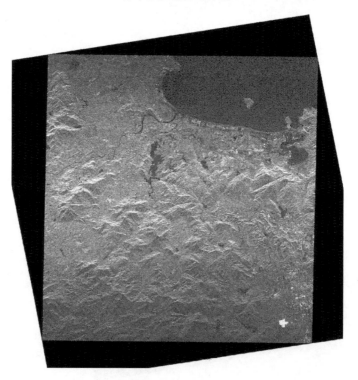

(b) 调整阴影方向后的图像

图 5-18　带有地理信息的星载降轨 SAR 入射波判定后图像

5.1.2 成像诸条件不完备情况下的 SAR 图像阴影方向判定

对于局部 SAR 图像,在无遥感成像平台运动方向、无左右侧成像等诸条件的情况下,可根据 SAR 图像中的很多现象判断雷达入射波方向,调整图像的阴影方向。

1. 根据河、海、湖泊及岛屿岸线反射波强弱判定雷达波入射方向

河、海、湖泊水面对雷达入射波多为镜面反射,在图像中多呈黑色。由于河、海、湖泊的岸线多高于水面,朝向雷达入射波的岸线均可对雷达入射波产生一定量的回波反射(水面与岸线可成二面角),而背向雷达入射波的岸线对雷达入射波的反射能量通常要小于朝向雷达入射波的岸线,故在雷达图像中,通常朝向雷达入射波的岸线的亮度要大于背向雷达入射波的岸线。因此可利用这一点判定雷达入射波的方向(见图 5-19~图 5-25)。如图 5-20 所示,河流的一侧岸线的亮度明显比另一侧岸线亮,这种情况下,只要将原图像旋转 180°即可。

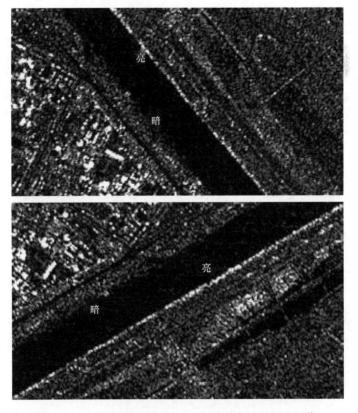

图 5-19 正确判断星载 SAR 入射波方向前后河流图像

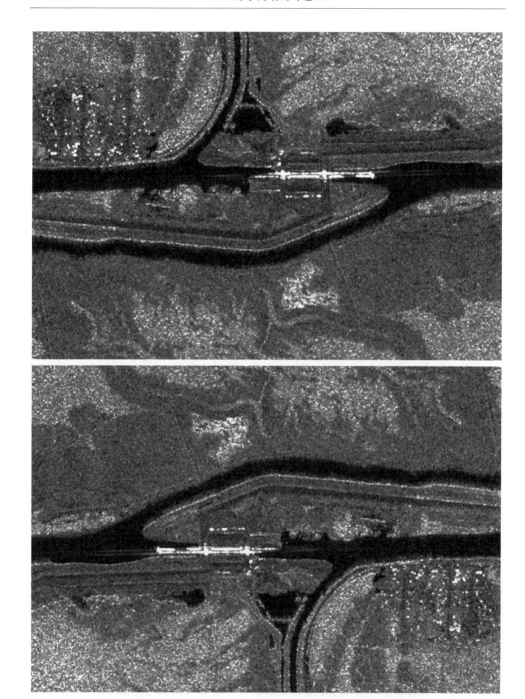

图 5-20　正确判断星载 SAR 入射波方向前后船闸图像

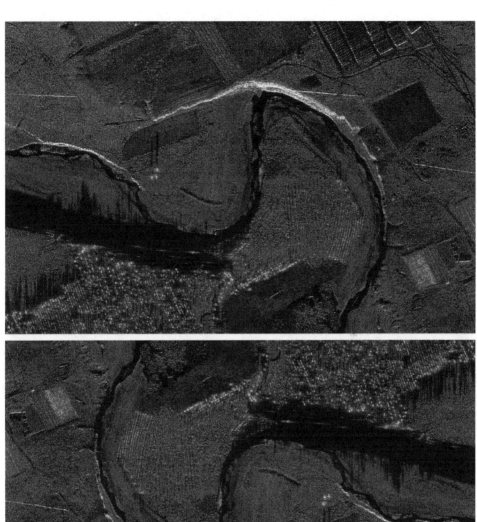

图 5-21　正确判断机载 SAR 入射波方向前后河流图像(一)

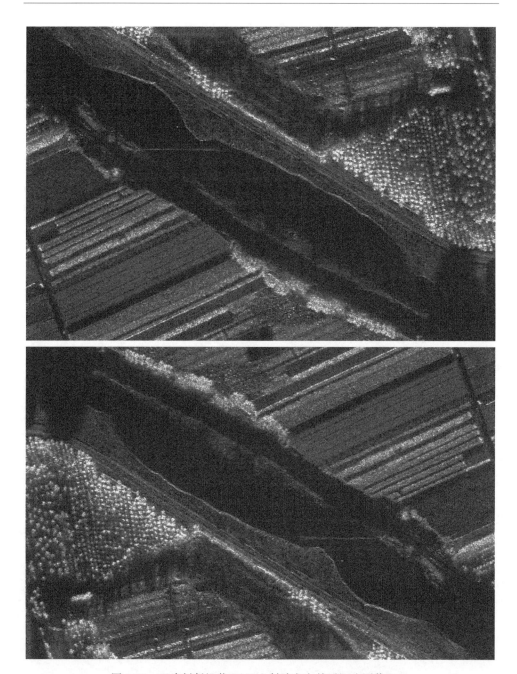

图 5-22　正确判断机载 SAR 入射波方向前后河流图像(二)

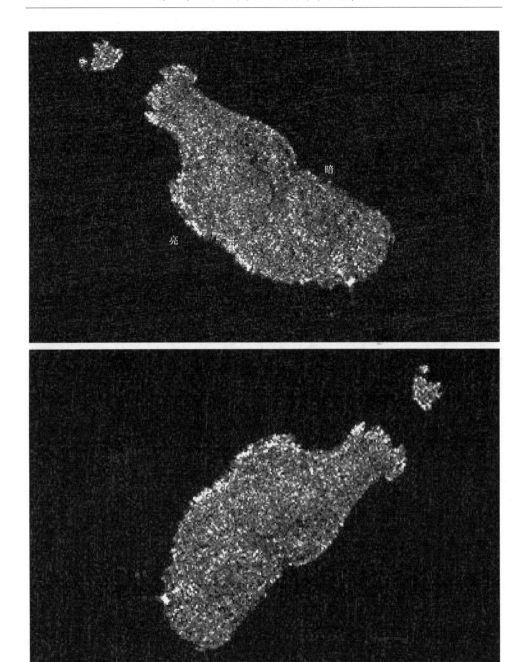

图 5-23　正确判断星载 SAR 入射波方向前后岛屿图像

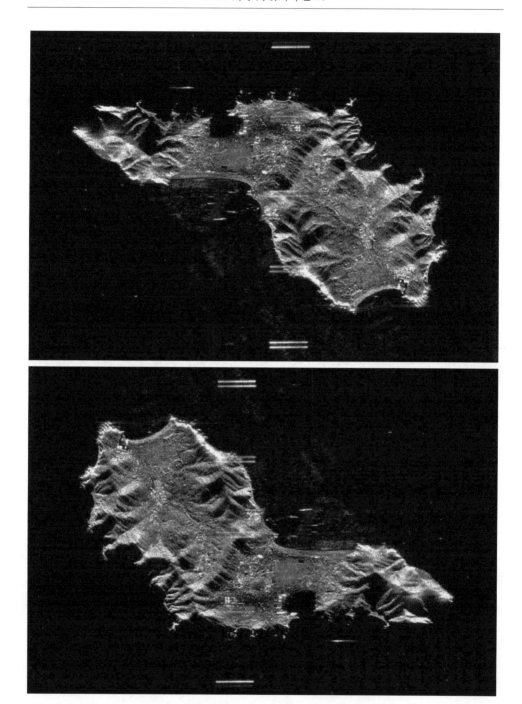

图 5-24　正确判断机载 SAR 入射波方向前后岛屿图像(一)

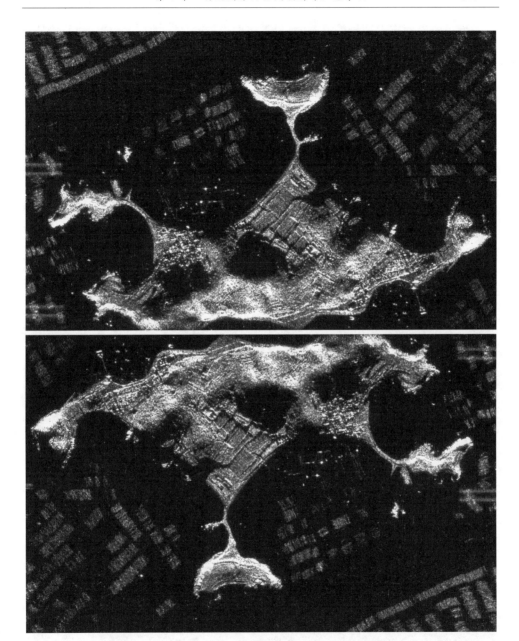

图 5-25　正确判断机载 SAR 入射波方向前后岛屿图像(二)

2. 根据城市建筑物叠掩现象判定雷达波入射方向

城市高大的建筑物在雷达图像中多可出现顶底倒置现象(雷达图像的叠掩现象),尤其是高分辨率 SAR 图像,高大的建筑物在 SAR 图像中的叠掩现象明显,此类图像可较易判定雷达入射波方向，只需将图像旋转一定的角度（高大建筑物的叠掩图像指向上方）即可（见图 5-26 和图 5-27）。

图 5-26　正确判断星载 SAR 入射波方向前后高层建筑物图像（一）

图 5-27　正确判断星载 SAR 入射波方向前后高层建筑物图像(二)

5.2　SAR 图像观测质量的改善

　　SAR 图像由于其成像机理及成像设备和处理设备的性能所致,原图像会出现这样或那样的不足与缺陷(如噪声大、图像饱和、对比度小、亮度低等),难于满足不同需求的图像地物与目标判读解译,尤其是对点状目标的图像判读解译。因此,需要对 SAR 图像进行适合判读解译员个人习惯的图像观测质量处理,改善图像观察质量,以获得较为理想的图像观察效果,如对图像对比、亮度、边缘增强等调整处理,为图像地物与目标判读提供良好的条件。

　　造成原图像出现这样那样不足与缺陷的主要原因是:SAR 成像设备的信噪比、天线的性能、有效载荷平台的稳定性、SAR 系统增益的设定(通常多以某类地物与目标进行设定,如海洋、陆地等,但遥感平台成像目标从海面到陆地或从陆地到海面的交界,SAR 系统的增益难以快速适应地物与目标地域的转换)、针对某 SAR 成像设备生成的图像处理软件的专用性等多种因素。

　　现在可用于图像目标判读解译应用软件很多,如 Photoshop、ArcMap、Envi 等,大多会提供降低噪声、调整图像的对比度和亮度、边缘增强、锐化处理等功能,具有一定的通用性。但由于 SAR 图像与光学遥感图像的差异性,以及各国 SAR 成像设备性能各不相同,因此通用软件对于 SAR 图像尤其具体到某个成像设备的 SAR 图像,其适用性并不一定很好。因此,在进行 SAR 图像目标判读解译前应做必要的处理,以获取理想观测质量图像,是图像判读解译人员进行地物与目标判读解译前必不可少的一个环节。

　　当前大部分的图像地物与目标判读解译应用软件均采用自动调节色阶或对比度的方法将成像后(由数字信号转换成可视图像)的 SAR 图像自动调节生成可供目视观察的图像。但由于成像系统中的自动调节处理软件多为通用型,其应用面广,但针对性差,难以适应不同 SAR 成像设备获取的图像需求,成像后的图像质量存有这样或那样的不足或缺陷,给图像目标判读解译带来了诸多困难。因此,在没有专用性处理软件的情况下,应针对不同地域的地物与目标应采用不同的处理方法,以获取较为理想的观测质量图像,供目标判读解译使用。

　　以下是几个针对海上目标的简单处理实例,可观察一下软件自动色阶成像处理与简单的手动调整处理图像效果的区别与观测质量(见图 5-28～图 5-30)。

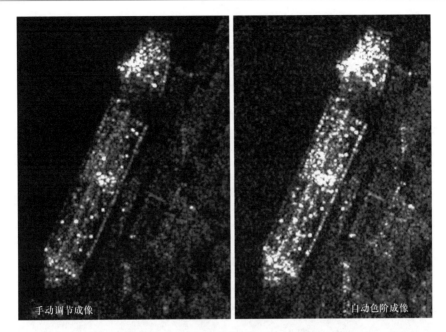

图 5-28　停靠在码头的油船 SAR 图像

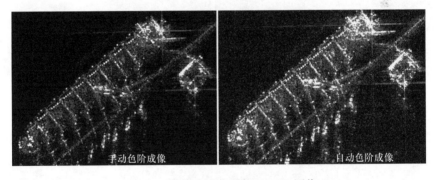

图 5-29　停靠在码头的船只 SAR 图像

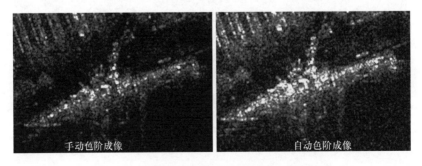

图 5-30　停靠在码头的水面作战舰船 SAR 图像

　　图 5-31～图 5-35 是数幅处于不同海况下的船只和地面目标 SAR 图像。图中每幅图像的左侧图像是使用 Adobe Photoshop CS 软件采用多次调节色阶的方法获取的图像,右侧是采用自动色阶调整获取的图像。从以下数幅图像可以看出它们有很大的差别,可见自动色阶调整获取的图像质量的一般性。从图中不难看出,自动色阶调整的图像产生了严重的饱和现象,连船只的船头与船尾都难以辨认,且噪声大,从图像中只可确认型船只,其细节很难辨认。而采用手动调节的图像质量明显优于自动色阶调整的图像,噪声小了很多,可分辨出船只的某些细节,并可判别出船舶的种类。

　　利用不同的图像处理软件,采用自动色阶调整、多次手动调节色阶与对比度方法获取的海面上的船只 SAR 图像,可清晰发现,对于海面上的舰船目标采用自动色阶调整获取的图像易出现饱和现象,并存有较大噪声,不利于舰船目标的判读解译,而采用其他处理方法获取的图像质量明显优于自动色阶调整获取的图像,更有利于海面目标的判读。

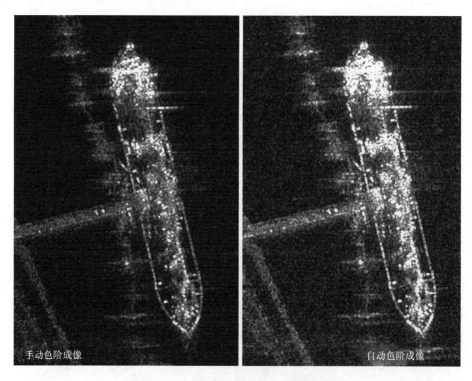

图 5-31　停靠在码头的船只 SAR 图像

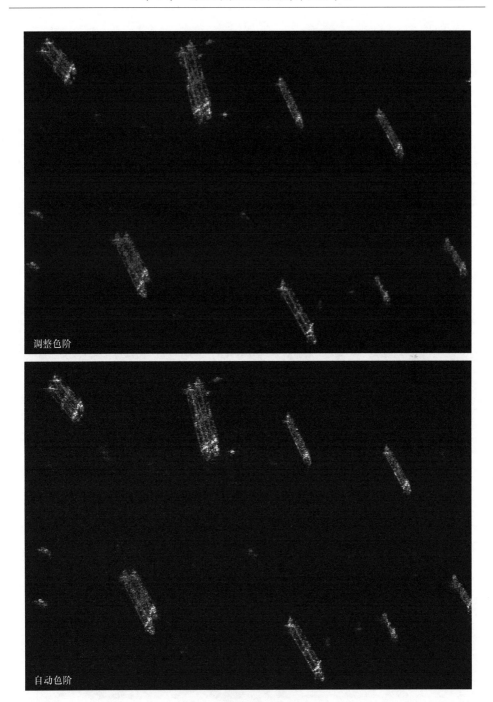

图 5-32　海上船只 SAR 图像

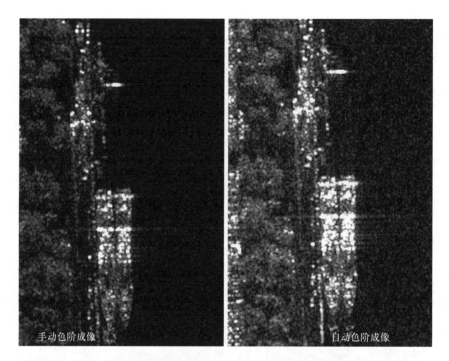

图 5-33　停靠在码头的水面作战舰船 SAR 图像

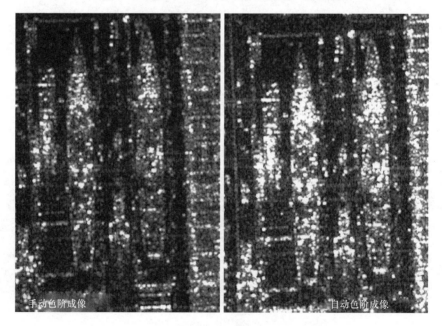

图 5-34　干船坞中的舰船 SAR 图像

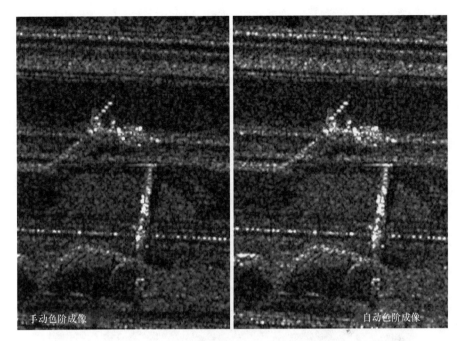

图 5-35　散装货料堆及装卸机械 SAR 图像

5.3　SAR 图像判读解译中需综合运用的主要成像机理

　　SAR 图像与可见光图像的最大区别是：可见光图像可充分显现地物与目标的顶部几何形状与几何尺寸,而 SAR 图像中的地物与目标的形状、大小、色调是随入射雷达波的波长、极化方式、入射角、物体或目标的停放方向、介电常数等要素的变化而变化,且难以充分显现地物与目标的整体形状和几何尺寸。因此,SAR 图像地物与目标的判读解译要难于可见光图像地物与目标判读解译,所以,SAR 图像地物与目标判读解译要充分运用 SAR 成像机理和地物与目标的材质、结构、几何形状、布局等因素。在 SAR 图像地物与目标判读解译中应格外关注的 SAR 成像机理主要有以下几项应格外关注:雷达的波长、探测方向、入射角、极化方式等。

5.3.1　波长

　　波长和频率是相互联系的,频率/波长是一个很重要的系统参数。短波长系统的空间分辨率高,能量要求也高。另外,频率/波长也影响了目标粗糙度以及穿透能力的大小。电磁波和地面之间的相互作用机理与波长有很大的相关性,电磁波与地面通过不同的机理相互作用,这种机理与地面组成的结构都是相关的。

因此,在判读解译 SAR 图像时,一定要注意到"波长影响了目标粗糙度以及穿透能力的大小"这一点。同一地物或目标,由于成像波长的不同,地物与目标的粗糙度对入射波而言,对某一波长(如 X 波段)的雷达波是粗糙表面,而对另一波长(如 S 波段)的入射则为光滑表面,则同一地物与目标在图像中将会形成不同回波强度(白色或浅白色、灰色或深灰色、黑色等)的图像。这主要取决于两个因素,一是地物与目标的粗糙度,二是不同入射波的波长穿透力不同,其反射回波可能是面反射,也可能是体反射。因此,同一目标与地物将呈现出不同的成像效果,在图像中会表现出不同的色调(见图 5-36 和图 5-37)。

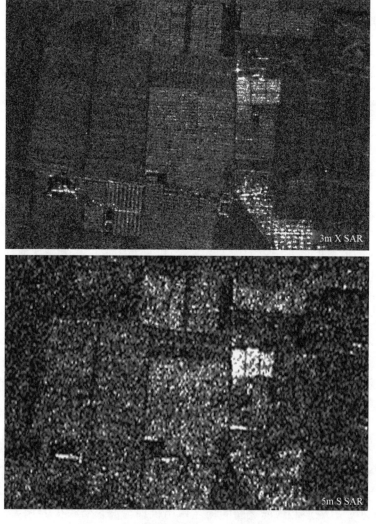

图 5-36　不同波段地物目标 SAR 图像(一)

图 5-37　不同波段地物目标 SAR 图像(二)

5.3.2　探测方向

在探测地物与目标诸因素(如雷达的波长、极化方式、入射角、物体或目标的介电常数等)基本相同的条件下,地物与目标在雷达图像中呈何种形状或灰度,在很大程度上取决于雷达的探测方向(即雷达波的入射方向),即雷达的探测方向是地物与目标在雷达图像中呈现何种形状或亮度的决定因素。

　　对常于某一方向布设或停放的地物与目标,对其成像的探测方向决定了地物与目标在图像中的样式(形状)(见图 5-38～图 5-40)。因此,在条件许可的情况下,在制订 SAR 成像计划时应采用成像效果有利于地物与目标判读解译的探测方向成像,在条件不允许的情况下,判读解译过程中应充分考虑到探测方向这一要素的影响。

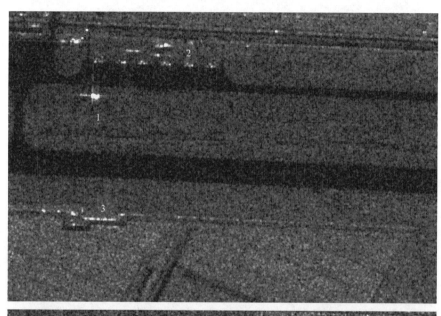

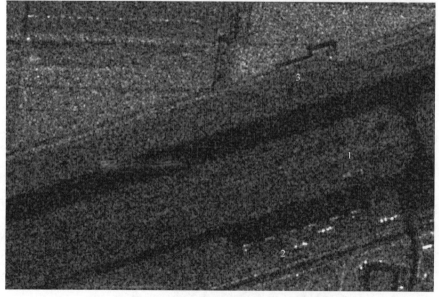

图 5-38　不同探测方向地物目标 SAR 图像(一)

图 5-39　不同探测方向地物目标 SAR 图像(二)(见文后彩图)

图 5-40　不同探测方向地物目标 SAR 图像(三)

5.3.3　入射角

在 SAR 成像过程中,雷达波入射角是影响地物与目标入射雷达波后向散射的主要因素,尤其是高大地物与目标成像后地物与目标产生叠掩、透视收缩等现象的主要因素,也是影响雷达实际穿透力的重要因素。

在 SAR 图像地物与目标判读解译中,雷达波入射角的不同可使地物与目标产生不同形状和亮度的反射回波,可使同一地物与目标在 SAR 图像中显现出不同的样式(见图 5-41～图 5-43)。因此,在 SAR 图像判读解译时应充分考虑到入射角不同对地物与目标成像的影响。在条件许可情况下,在制订 SAR 成像计划时,选择适宜的雷达波入射角,以获取理想的便于图像判读解译的图像。

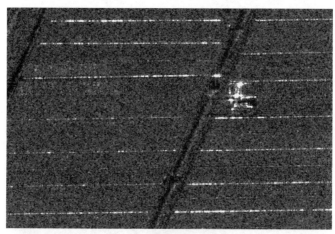

(a) 27.5°

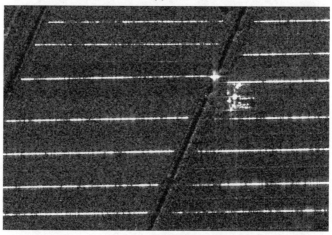

(b) 51.1°

图 5-41　不同入射角地物目标 SAR 图像(一)

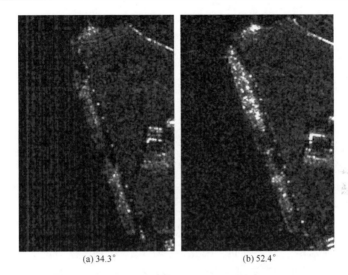

(a) 34.3°　　　　　　　　　　(b) 52.4°

图 5-42　不同入射角地物目标 SAR 图像(二)

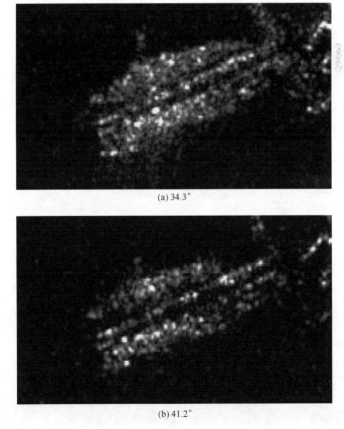

(a) 34.3°

(b) 41.2°

图 5-43　不同入射角地物目标 SAR 图像(三)

5.3.4　极化方式

一般而言,对于相同的地物与目标,不同极化方式所形成的差异要比不同波段的差异更大,更加敏感。由于极化方式的不同,其对同一地物与目标的反射特性及穿透力是不同的,因此形成了同一地物与目标在 SAR 图像中会生成不同亮度的反射回波图像。

极化 SAR 可获得每一个像元的全散射矩阵,与单极化 SAR 相比,在地物与目标探测、识别、纹理特征提取、目标方向等方面具有较大的不同与改善,且极化 SAR 对植被散射体的形状和方向具有很强的敏感性。对于低矮的植被,如农田中的作物和田埂,同极化的回波要比交叉极化更强,而对于一些微小的目标,如建筑物上的突起(如天窗、通气孔等),交叉极化更能够保障目标不被丢失,交叉极化的这一特性在对小型金属目标成像是十分重要的。因此,在 SAR 图像判读解译时,尤其是在判读解译多极化 SAR 图像时,应充分考虑到不同极化 SAR 的反射特性,并充分运用多极化 SAR 特性,准确无误地判明地物与目标的性质(见图 5-44～图 5-46)。

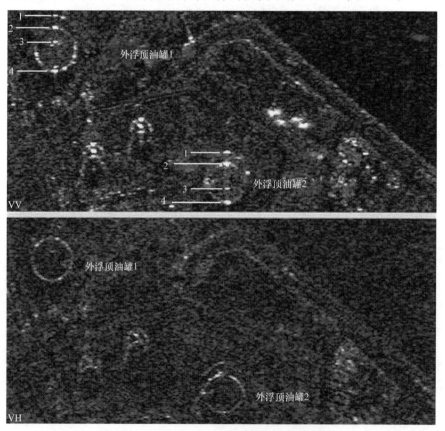

图 5-44　不同极化方式地物目标 SAR 图像(一)

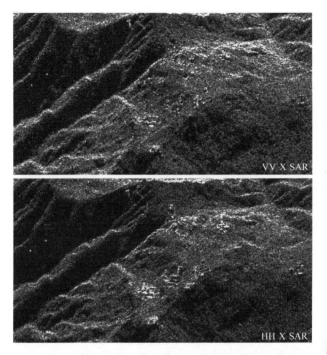

图 5-45　不同极化方式地物目标 SAR 图像(二)

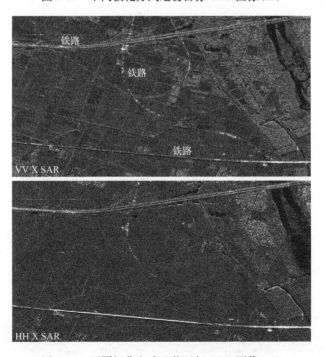

图 5-46　不同极化方式地物目标 SAR 图像(三)

　　综上所述,对 SAR 图像进行判读解译时,判读解译人员应了解掌握图像的成像有关诸元,如成像时间、波长、极化方式、入射角等相关信息,方可进行对地物与目标的判读解译。如成像时间可间接提供当地的地物及生长情况、海岸线所处高低潮等信息;入射雷达波长可了解入射雷达波的穿透能力,分析图像的成因(如面反射、体反射);极化方式可从图像中的地物与目标反射回波强弱分析产生回波的主要因素,帮助分析地物与目标的材质、高度等要素;入射角可帮助分析地物与目标的叠掩、透视收缩现象与不同的反射中心,为图像判读解译人员分析地物与目标的布局结构提供支撑。因此,图像判读解译人员在进行判读解译时,综合运用成像有关诸元,方可全面正确分析地物与目标,在头脑中生成符合实际的地物与目标的数学模型,对地物作出正确的判断。

5.4　SAR 图像判读解译推理过程示例

　　在判读解译 SAR 图像时,判读解译人员首先要了解图像的有关成像诸元,如图像的成像时间、地区、波段、极化方式、入射角及分辨率等相关信息,只有了解这些信息才能依据 SAR 成像机理和微波散射特性准确判明目标的性质。其次,判读解译人员应对图像进行入射雷达波方向的判定,以便对图像进行相对应的旋转,使图像阴影朝向下方,为图像地物与目标判读解译提供良好观测条件。再次,根据成像地域及地物与目标情况,对图像观察质量进行相适应的处理,以获取便于图像地物与目标判读解译的观察质量。

　　在获得以上相关信息的基础上,判读解译人员应在头脑中建立相应的数学模型,为准确判定目标提供依据。如图 5-47 所示,成像时间是 1 月初时中国的东北

图 5-47　VV S SAR 图像

黑龙江,依据这两个条件可以推断出农田是大面积的,且相对平整开阔,农田中已无农作物,多为裸露的土地;农户住宅不规整且零乱,除农村住户四周种有零散树木外,树木多成林,且树木上无树叶;水库或小河应处于冰封状态,不可能有裸露的水面,只能是冰面;道路依据其等级在图像中应呈规则的黑色线状;平整开阔的裸露的土地应呈黑色或深灰色等。

　　在以上推断基础上,加之图像的成像条件是 S 波段及 VV 极化方式(穿透能力强),从而可以得出结论,图像中显示的目标多以体反射为主,面反射相对要弱于体反射。得出以上结论是因为入射波的波长较长(约 10cm),VV 极化在四种极化成像方式中的穿透能力最强,在掌握了具体入射角后,可推算出入射雷达波的实际穿透深度。

　　在获得以上信息后,可从总体上分析发现:整幅图像上有两条基本等宽且色调呈一致黑色的相互交叉的线状物通贯整幅图像(图中标注 5 处,见图 5-47、图 5-48),由此可以推断出这两条线状物可能是公路,也可能是水渠。但处于此时节,东北的水渠不可能呈这种现象,而且如果是水渠,则水渠的一侧堤坝应有较强的反射回波,但此幅图像中未出现这一现象,所以线状物不是水渠,故线状物只能是公路。但由于图中横向的黑色线状物与纵向黑色线状物的宽度不同,横向的黑色线状物

图 5-48　公路 SAR 图像

宽约 10m,纵向黑色线状物宽约 15m,所以纵向公路应为高等级公路,而横向公路为一般公路。两条相互交叉公路的下方高等公路两侧有一呈"8"字形的黑色图斑,且占地面积不大,"8"字形的黑色图斑中部和下部各有一呈"月牙形"的白色短线,可见此处比较平整,形成这一现象是公路立交桥匝道坡道引起的,所以应是一座简易(不完全立交型)公路立交桥(图 5-47 中标注 1 处,见图 5-49)。

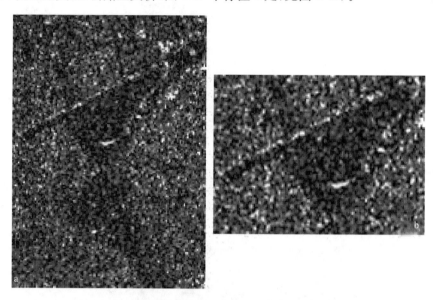

图 5-49　公路立交桥 SAR 图像

　　图中有处位于公路一侧的零星呈白色点状的不规则的图斑,且其周围也有呈较强回波反射的不规则图斑,由此可以推断出零星呈白色点状的不规则的图斑应是建筑物(图 5-47 中标注 2 处,见图 5-50),且其质地较好(有较好的防火能力),而呈较强回波反射的不规则图斑应是质地较差的建筑物或独立的树木。图中较大面积的强反射回波呈白色的规则图斑(图 5-47 中标注 4 处,见图 5-51),其他方位无这种图斑,只有或强或弱交替的灰色图斑(图 5-47 中标注 3 处,见图 5-52),可见大面积白色的规则图斑有很强的反射回波。形成此种成像特点有两种可能,一是地物颗粒粗糙度大,二是地物含水量高。依据东北特点,秋收后只是将农作物及秸秆收回,农田不翻并保留庄稼地的垄或畦,所以图像中大部分呈强或弱交替的灰色图斑是农田,而大面积的白色的规则图斑不是因地物颗粒粗糙度造成的,应是地物含水量高,而此时段农田中已无农作物,只能是成片的树木,所以图 5-47 中标注 4 处是一片林地,且树木间隔应小于 3m,树木的直径应大于 10cm,入射雷达波穿透不了此种直径大小的成片的树林,这一大面积的白色规则图像,是由于树林体反射现象造成的。

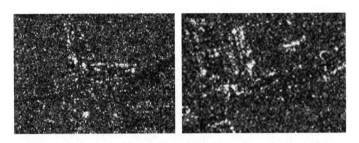

图 5-50　建筑物与村庄 SAR 图像

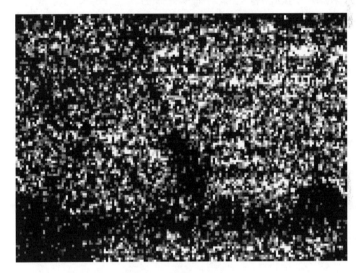

图 5-51　林地 SAR 图像

图 5-52　收割后的农田 SAR 图像

总之，从此幅图像中可以发现，该图是一东北农村的 SAR 图像，成片的农村住户周边有大片的垄状农田和成片落叶林，且农村住户房屋的材质具有一定的防火能力，并有较高等级的公路和乡村道路与之相通，该农村条件较优越。

本章只简单地论述了在进行 SAR 图像目标判读前应进行的必要的准备工作（部分），并未进行全面论述和介绍 SAR 图像目标判读的方法，只对改善 SAR 图像观看质量（处理方法很多）进行了简介，列出数个小例供参考，其目的是让图像判读解译人员养成良好的工作习惯和工作方法。实际工作中，图像判读解译人员应结合工作条件，采用不同的图像处理系统和处理方法对 SAR 图像进行必要的调整和处理，改善 SAR 图像观看质量，以获取适合本人进行图像判读解译的理想图像，提高判读效率和判读准确率，充分发挥 SAR 遥感的应有效益。

参 考 文 献

马清阳. 1988. 航空热红外遥感图像集. 北京:地质出版社.

日本遥感研究会. 1993. 遥感精解. 刘勇卫,贺雪鸿,等译. 北京:测绘出版社.

舒士畏,赵立平. 1988. 雷达图像及其应用. 北京:中国铁道出版社.

王超,张红,等. 2008. 全极化合成孔径雷达图像处理. 北京:科学出版社.

乌拉比 FT,穆尔 R K,冯健超. 1988. 微波遥感第一卷. 侯世昌,马锡冠,等译. 北京:科学出版社.

朱述龙,张占睦. 2000. 遥感图像获取与分析. 北京:科学出版社.

Curlander J C,Mcdonough R N. 2006. 合成孔径雷达系统与信号处理. 韩传钊,等译. 北京:电子工业出版社.

Lee J S,Pottier E. 2013. 极化雷达成像像基础与应用. 洪文,李洋,尹嫱,等译. 北京:电子工业出版社.

彩　　图

图 1-1　不同机种飞机在可见光图像中的形状特征(一)

图 1-2　不同机型飞机在可见光图像中的形状特征

图 1-3　不同机型直升机在可见光图像中的形状特征

图 1-4　不同机种飞机在可见光图像中的形状特征(二)

(a) 某型航空母舰及作战舰船在可见光图像中的形状特征

图 1-13　不同舰船在可见光图像及 SAR 图像中的形状特征

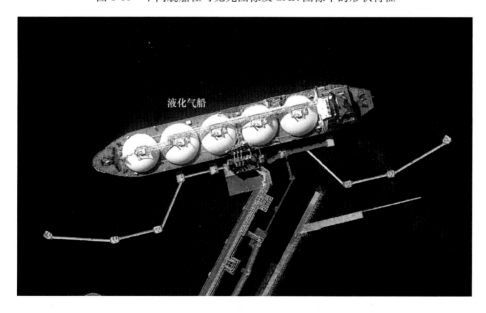

图 1-14　油船与液化气船在可见光图像中的形状特征

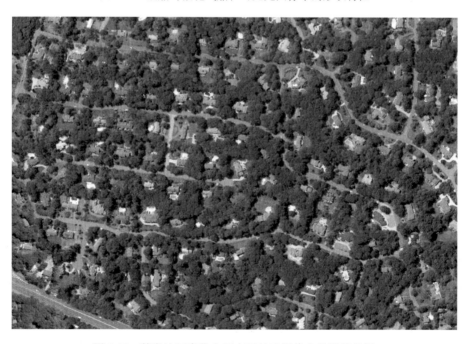

图 1-20　某发达国家住宅区在可见光图像中的形状特征

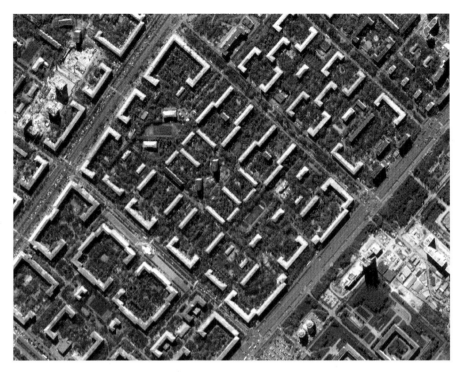

图 1-21 东欧某国际性住宅区在可见光图像中的形状特征

图 1-24 高尔夫球场在可见光图像中的形状特征

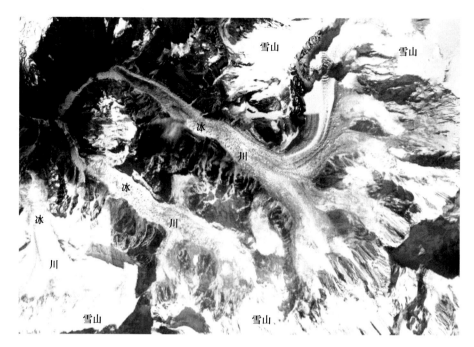

图 1-26　冰川在可见光图像中的形状特征

图 1-29　葡萄园在 SAR 图像中的形状特征

图 1-90 不同质地机场跑道与滑行道可见光图像颜色特征

图 1-96 不同树种、铁路、公路及运输汽车可见光图像颜色特征

树林

落叶桦树

树林

黄色玉米

浅灰色房顶

蓝色汽车

黄色玉米

绿色白菜

图 1-97　秋季不同农居可见光图像颜色特征

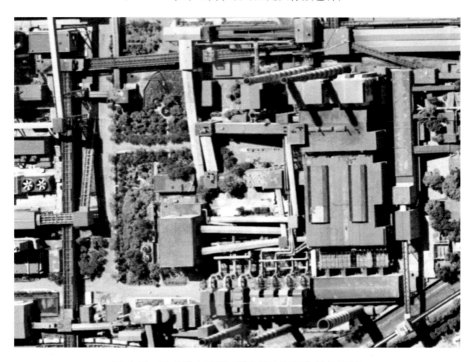

图 1-98　建筑物屋顶及植被彩红外图像颜色特征

图 1-145　轮式车辆与履带式车辆活动痕迹高光谱图像特征

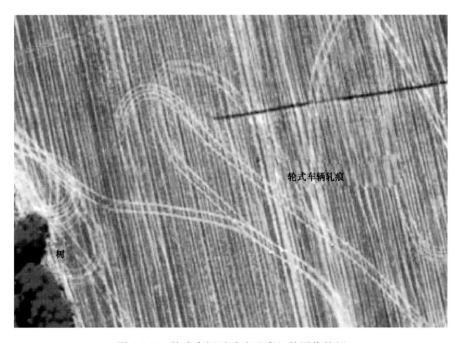

图 1-147　轮式车辆活动痕迹彩红外图像特征

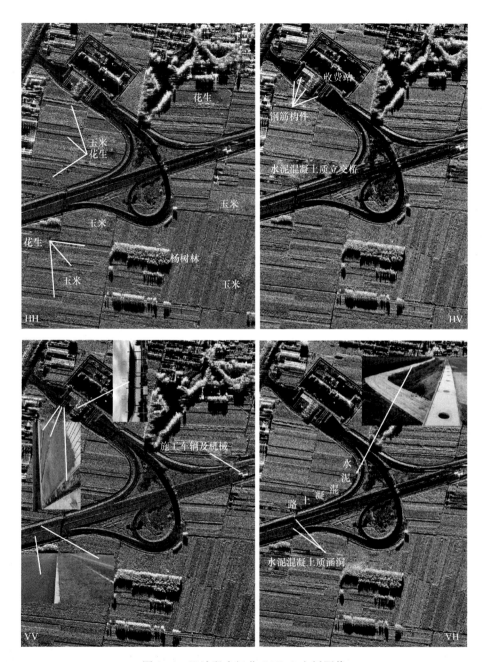

图 2-32　X 波段全极化 SAR 立交桥图像

图 2-44　同时相 X 波段 SAR 图像

图 2-45　同时相 X 波段 SAR 图像

图 4-28　0.1m Ku SAR 不同路面的图像

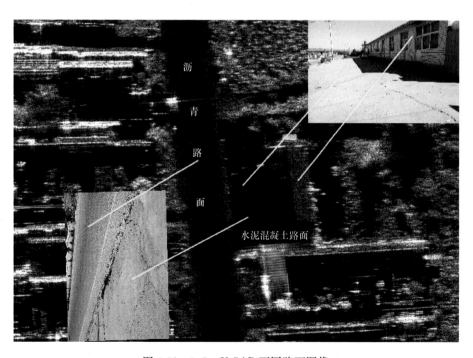

图 4-31　0.5m X SAR 不同路面图像

图 4-32　5m S SAR 机场图像

图 4-38　不同生长期玉米 X SAR 图像

图 4-39　不同生长期农作物 X SAR 图像

图 4-40　不同生长期植物 X SAR 图像

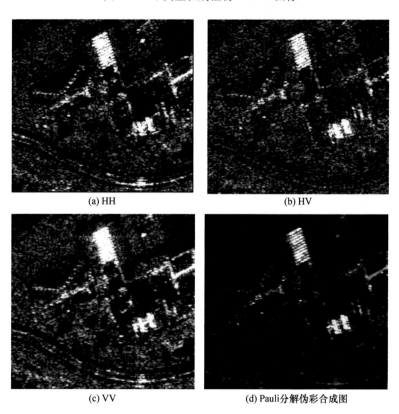

（a）HH

（b）HV

（c）VV

（d）Pauli分解伪彩合成图

图 4-136　机场某建筑的不同极化通道图像及 Pauli 分解伪彩色合成图

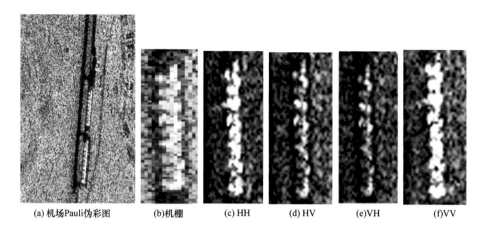

(a) 机场Pauli伪彩图　　(b)机棚　　(c) HH　　(d) HV　　(e)VH　　(f)VV

图 4-137　某机场 Pauli 分解伪彩图及各极化通道的图像

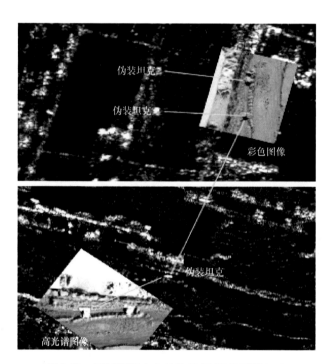

图 5-39　不同探测方向地物目标 SAR 图像(二)